U0212054

多孔充液弹性介质
与
井眼安全校核

高 岳 柳占立 庄 茁 黄克智 著

清华大学出版社

北 京

内 容 简 介

本书描述了 Biot 多孔充液弹性本构模型，它是 Biot 在 20 世纪 40—50 年代提出的针对多孔充液介质材料的本构模型。它将固体骨架变形与骨架中的孔隙流体渗流进行耦合分析，并充分考虑了流体渗流带来的时间效应。该本构模型充分合理，也得到了国际力学界（包括 J. Rice, E. Detournay 等院士）的普遍认可，但在石油工程界的应用还不充分。基于此，本书考查了在石油钻井工程中的井眼破坏过程，即井壁稳定性问题，诠释了井壁垮塌与破裂事故中的时间滞后现象，给出了精确推导的解析结果。本书还给出了可直接应用的井壁临界工作压力的代数表达式，以及将问题从各向同性介质推广到横观各向同性本构模型的结果，使其适用于材料常数在竖直方向和水平方向不等的情况。

本书可供高校力学专业师生、地质科学研究学者和石油工程技术人员参考。

版权所有，侵权必究。举报：010-62782989，beiqinquan@tup.tsinghua.edu.cn。

多孔充液弹性介质与井眼安全校核 / 高岳等著.—北京：清华大学出版社，2020.11
ISBN 978-7-302-54358-9

Ⅰ. ①多⋯ Ⅱ. ①高⋯ Ⅲ. ①多孔介质－本构关系－影响－井壁稳定性－研究 Ⅳ. ①TD265.3

中国版本图书馆 CIP 数据核字 (2019) 第 264265 号

责任编辑：黎 强 戚 亚
封面设计：傅瑞学
责任校对：赵丽敏
责任印制：丛怀宇

出版发行：清华大学出版社
      网　　址：http://www.tup.com.cn, http://www.wqbook.com
      地　　址：北京清华大学学研大厦 A 座　　　　　邮　编：100084
      社 总 机：010-62770175　　　　　　　　　　邮　购：010-62786544
      投稿与读者服务：010-62776969, c-service@tup.tsinghua.edu.cn
      质量反馈：010-62772015, zhiliang@tup.tsinghua.edu.cn
印 装 者：三河市中晟雅豪印务有限公司
经　　销：全国新华书店
开　　本：155mm×235mm　　印　张：12　　插　页：2　　字　数：190 千字
版　　次：2020 年 12 月第 1 版　　　　　　　印　次：2020 年 12 月第 1 次印刷
定　　价：69.00 元

产品编号：082929-01

序

    2012 年中国科学院院士大会上刘延东副总理报告科技发展形势时，介绍了美国页岩油气开采取得成功，以后可能无须从中东进口石油的情况；而中国的页岩油储量丰富，号召院士们为国家需要出力。当时我已年过 85 岁，感到力不从心。在清华旧日同事，时任浙江大学校长杨卫院士的鼓励下，清华大学航天航空学院工程力学系固体力学研究所组织了一个小小的团队，组长为庄茁教授，成员有柳占立副教授、我和部分博士生。五年以来，我们一方面利用扩展有限元这个断裂数值分析工具，对实验室中的大型物理模型水力压裂实验进行数值模拟。另一方面也与工程部门合作，尝试将数值模拟结果应用到现场中，以指导水力压裂施工设计。我们还对水力压裂时裂纹扩展的稳定性问题做了一些研究。在井眼强度校核方面，我们发现目前国内外的石油工程界还是采用弹性胡克定律，20 世纪提出的多孔充液介质的 Biot 弹性本构关系还没有被很好地采用。本书是作者们五年的潜心研究成果，希望能对高校力学专业师生、地质科学研究学者和石油工程技术人员有所帮助。

清华大学航天航空学院工程力学系　黄克智

2019 年 10 月

绪　论

多孔固体中的孔隙流体由应力引起的流动可以解释地质科学研究和工程实际中的许多现象。自从 Terzaghi [1-2] 建议采用其"有效应力"理论解释土壤的压实与破坏现象以后，许多学者致力于建立多孔弹性介质合理的本构关系和场方程，并用它们来解释对地质材料观察到的现象。其中最成功的是 Biot 理论 [3-6]。此后一些理性力学学者提出了更一般的互相作用混合物的多孔固体连续介质流变理论，Rice [7] 认为在准静态弹性变形情况下，可以假设孔隙流体保持局部平衡，这些理论对 Biot 理论并无改进。Biot 理论的优点在于它既是一个连续介质理论，又无需假设固体颗粒的形状、大小和排列，也无需假设固体应力与孔隙液压构成总应力的细节。无论是力学界的著名学者，如 Rice [7]，Willis [8]，Carroll [9] 等，还是地质与石油工程界的著名力学学者，如 Detournay [10]，Rudnicki [11]，Cheng [12] 等都赞成并采用这个 Biot 理论。

但遗憾的是，无论是在美国还是中国，在石油井眼的强度设计中采用的都还是弹性胡克本构关系。我国只在《钻井手册》中的个别之处简单地把公式中的应力改为 Biot 有效应力；美国在有关石油的力学教科书 [13] 中提倡把原来是一个联立求解的耦合问题硬拆成先求解出孔隙液压分布，然后求解应力分布的两个问题。如 Rice [7]，Cheng [12] 所指，Biot 理论的场方程与热弹性力学的场方程在形式上是相同的，但工程中求解热应力问题时可以在传热方程中省去表示应力影响的项，因为这一项与其他主项相比很小，可以忽略。但是在 Biot 理论的场方程中，渗透（或扩散）方程中表示应力影响的项却不能忽略。也就是说，热应力场方程可以解耦求解，而 Biot 理论场方程却不可以解耦，必须联立求解，这就给求解多孔充液介质问题带来困难。

Biot 理论在石油工程界没有得到应有的重视并取代胡克定律，究其原因主要有两个：

第一个原因是对非轴对称的井眼强度问题，求解 Biot 理论的场方程必须采用拉普拉斯变换 (Laplace transform)，只能得到在拉普拉斯变换的频率空间中的解，由于逆变换困难，不能得到时域空间中的解析表示。本书经过研究发现，可以利用拉普拉斯变换的性质得到井眼强度校核所需要的临界位置与危险时刻的解析表达式，从而得到以代数不等式形式表示的强度校核条件，非常利于工程师使用。此外，在工程中常出现地层材料不是各向同性的情况，本书对 Biot 各向异性材料的一般理论进行了系统的总结比较，并把对各向同性地质材料推导的井眼强度校核条件推广应用到一种最简单的各向异性材料 ——横观各向同性材料。

第二个原因是要使用 Biot 理论，必须先测定除了弹性胡克定律中的弹性常数以外，Biot 理论中出现的新的弹性常数。本书提出了如何用最少数的实验来测定这些新的材料常数的方法。

希望本书有助于地质力学界与石油工程界的学者与工程师们接受和使用 Biot 理论。

本书共分为 4 章：第 1 章将介绍最简单情况下的 Biot 模型 ——各向同性多孔弹性本构模型；并介绍一些 Biot 理论可以解释，但经典胡克弹性模型不能解释的物理现象。第 2 章将各向同性多孔弹性本构模型应用于井眼强度问题，并最终给出了在各种可能的拉伸和剪切破坏模式下，井壁许可工作压力范围的解析表达式，同时得到了破坏发生的临界位置和时间。第 3 章旨在严谨地构造各向异性 Biot 多孔弹性本构模型，对目前已有的几篇经典文献中给出的各向异性多孔弹性本构模型进行了分类比较，并提出建议。在第 3 章的结尾将得到该本构模型退化到横观各向同性材料时的结果，给出此时对应的场方程；并由此得到虚拟的等效各向同性模型的构造方案。该虚拟的等效模型可以将横观各向同性平面应变问题转换为虚拟的各向同性介质中的问题，以简化求解。该章还讨论了如何采用较少的实验测量次数来得到横观各向同性多孔弹性介质的材料常数。第 4 章则是利用第 3 章结尾处给出的等效各向同性模型，来解决横观各向同性介质中的井眼强度校核问题。

目　　录

第 1 章　各向同性多孔弹性本构模型

多孔材料是自然界中常见的材料类型，例如沙子、砂岩、页岩、金属泡沫、骨头等，其结构都是由固体材料和固体材料之间的孔隙构成的。本书将研究如下一种多孔材料：它由固体材料与孔隙两部分构成，其中固体材料有一定的支撑作用，固体材料之外的部分称为孔隙，孔隙中包含连通的孔隙与不连通的孔隙两类。连通的孔隙中充满某一种特定的孔隙流体，即假设该多孔材料中的流体是**饱和**的，如图 1.1所示，但对不连通的孔隙部分没有类似要求。

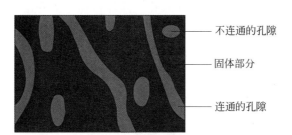

图 1.1　多孔充液弹性本构模型微观示意图

可见，多孔材料是一种非均匀又含有孔隙流体的材料，它的力学响应非常复杂，而固体变形往往也和流体扩散现象耦合在一起。为了避免这种微观响应的复杂性，Biot 与 Willis [3-5,14] 在 1940—1950 年代介绍了一种多孔充液 ① 弹性本构模型，将其固体部分和被流体浸润的不连通孔隙联合起来看作一种**弹性连续介质**，称为"**固体骨架**"(solid skeleton)，

---

① 本书中"充液"实际上指充有流体，其中孔隙流体可以是液体或气体。为遵循汉语习惯而统称为"充液"。

或简称"固体"。进一步地,将固体骨架和充满流体的连通孔隙看作**多孔弹性介质**,称为"Biot 介质",并假设该材料具有弹性响应。以后如不特殊声明,"孔隙"一词专指连通的孔隙。

为便于读者理解,本章将从最简单的各向同性多孔弹性本构模型开始介绍。对于更一般的各向异性多孔弹性本构模型的介绍见第 3 章。

为方便不熟悉张量记号的读者阅读,本书分别使用张量记号与分量记号书写,表达同一个公式。

本书只考虑准静态问题。

1.1 各向同性多孔弹性本构模型的建立

在广义胡克定律中,应变只与局部应力成线性关系。Biot 为了处理固体变形与孔隙流体渗流耦合在一起的多孔材料,在广义胡克定律的基础上构造了**多孔弹性本构模型**。这个模型在经典的广义胡克定律的基础上,引入了两个新的流体场变量:在应力一侧加入孔隙流体压力 (或简称"孔隙压力") p、在应变一侧加入孔隙流体体积分数变化量 ζ,这是一对功共轭的场变量。基于这种框架,多孔介质中的微观细节就可以忽略,并被看作一种包含了孔隙流体的弹性介质。如非特殊说明,本章所述的应力型和应变型变量 $\{\sigma_{ij}, \varepsilon_{ij}, p, \zeta\}$ 等均表示增量,即本构方程为增量型本构。变量 $\sigma_{ij}, \varepsilon_{ij}, p, \zeta$ 都从初始状态算起,起始值均为零。

1.1.1 本构方程中的应变-应力关系 $\varepsilon_{ij}(\sigma_{ij}, p)$

众所周知,在各向同性的弹性本构关系 (广义胡克定律) 中,由于线弹性假设,应变与应力之间有如下的本构关系 $\varepsilon_{ij}(\sigma_{ij})$:

$$\boldsymbol{\varepsilon} = \frac{1}{2G}\boldsymbol{\sigma} - \frac{\nu}{2G(1+\nu)}(\boldsymbol{\sigma} : \boldsymbol{\delta})\boldsymbol{\delta},$$
$$\varepsilon_{ij} = \frac{1}{2G}\sigma_{ij} - \frac{\nu}{2G(1+\nu)}\sigma_{kk}\delta_{ij} \tag{1.1}$$

式中,G 为胡克弹性材料的剪切模量,ν 为泊松比,δ_{ij} 称作"克罗内克 δ" (Kronecker delta),定义为

$$\delta_{ij} = \begin{cases} 1, & i = j \\ 0, & i \neq j \end{cases} \tag{1.2}$$

式中，δ_{ij} 为二阶张量 $\boldsymbol{\delta}$ 的分量。式 (1.1) 右端第二项中 $\boldsymbol{\sigma} : \boldsymbol{\delta} = \sigma_{ij}\delta_{ij} = \sigma_{kk}$，符号 ":" 表示双点积，即张量 $\boldsymbol{\sigma}$ 的分量 σ_{ij} 与张量 $\boldsymbol{\delta}$ 的分量 δ_{ij} 两两乘积 (共 9 项) 之和 $\displaystyle\sum_{i=1}^{3}\sum_{j=1}^{3}\sigma_{ij}\delta_{ij}$，称为 "指标 i 的缩并与指标 j 的缩并"。在对两张量进行双点积时，规定在双点积符号 ":" 临近的两对指标 ij 中，位于前面的两个指标 i 进行缩并，同时位于后面的两个指标 j 进行缩并。凡是重复出现两次的下标称作 "哑标"。这里用到了爱因斯坦求和约定，这是一种针对求和的简写约定：对于一个多项式内的某一项，若该单项式中有两个相同的下标，则该项表示对该下标所有可取的范围求和；若有多组相同的两个下标，则表示对所有下标可取的范围依次求和。如果不是需要被缩并的哑标，一般情况下应避免出现相同指标的情况。例如：

$$\sigma_{kk} = \sum_{i=1}^{3} \sigma_{ii}$$

在本章中约定：所有使用拉丁字母的下标 (如 i，k 等) 取值范围为 $\{1,2,3\}$，而使用希腊字母的下标 (如 β，γ 等) 取值范围为 $\{1,2\}$。本构关系式 (1.1) 常见于弹性力学或材料力学课本，见文献 [15]。

应变张量 $\boldsymbol{\varepsilon}$ 可以分解为球形张量 (简称 "球量") $\boldsymbol{\varepsilon}^{球}$ 与偏斜张量 (简称 "偏量") $\boldsymbol{\varepsilon}^{偏}$ 两部分：

$$\begin{aligned} \boldsymbol{\varepsilon} = \boldsymbol{\varepsilon}^{球} + \boldsymbol{\varepsilon}^{偏} = \frac{1}{3}\varepsilon_{kk}\boldsymbol{\delta} + \boldsymbol{\varepsilon}^{偏}, \\ \varepsilon_{ij} = \varepsilon_{ij}^{球} + \varepsilon_{ij}^{偏} \end{aligned} \tag{1.3}$$

式中，

$$\varepsilon_{ij}^{球} = \frac{1}{3}\varepsilon_{kk}\delta_{ij}, \quad \varepsilon_{ij}^{偏} = \varepsilon_{ij} - \frac{1}{3}\varepsilon_{kk}\delta_{ij} \tag{1.4}$$

同样应力张量 $\boldsymbol{\sigma}$ 也可以分解为球量 $\boldsymbol{\sigma}^{球}$ 与偏量 $\boldsymbol{\sigma}^{偏}$ 两部分：

$$\begin{aligned} \boldsymbol{\sigma} = \boldsymbol{\sigma}^{球} + \boldsymbol{\sigma}^{偏} = \frac{1}{3}\sigma_{kk}\boldsymbol{\delta} + \boldsymbol{\sigma}^{偏}, \\ \sigma_{ij} = \sigma_{ij}^{球} + \sigma_{ij}^{偏} \end{aligned} \tag{1.5}$$

式中，

$$\sigma_{ij}^{球} = \frac{1}{3}\sigma_{kk}\delta_{ij}, \quad \sigma_{ij}^{偏} = \sigma_{ij} - \frac{1}{3}\sigma_{kk}\delta_{ij} \tag{1.6}$$

则各向同性弹性本构关系式 (1.1) 可表示为

$$\boldsymbol{\varepsilon}^{球} = \frac{1}{3K}\boldsymbol{\sigma}^{球}, \quad \boldsymbol{\varepsilon}^{偏} = \frac{1}{2G}\boldsymbol{\sigma}^{偏} \tag{1.7}$$

式中，第一项表达了弹性胡克定律的球量部分，即体积变形部分；第二项表达了偏斜部分，即剪切变形部分。注意偏量部分不仅含有代表剪切的非对角项 $(i \neq j)$，而且也含有对角项 $\{\varepsilon_{11}^{偏}, \varepsilon_{22}^{偏}, \varepsilon_{33}^{偏}\}$，三项之和 $\varepsilon_{kk}^{偏}$ 等于零，表示对应的体积变形为零。K 为胡克弹性材料的体积模量：

$$K = \frac{2G(1+\nu)}{3(1-2\nu)} \tag{1.8}$$

而如前文所述，由于多孔弹性材料在应力与应变侧分别加入了 p 与 ζ，必须分别定义 $\varepsilon_{ij}(\sigma_{kl}, p)$ 与 $\zeta(\sigma_{kl}, p)$。这里出现在圆括号外的下标 i, j 可任选 $1, 2, 3$ 之一；但出现在圆括号里作为自变量的下标则表示全部分量。有时为了简便，括号内外一律记作 i, j 或 k, l。

对于 $\varepsilon_{ij}(\sigma_{kl}, p)$，由线弹性假设，可以要求它们满足 [①]

$$\boldsymbol{\varepsilon} = \frac{1}{2G}\boldsymbol{\sigma} - \frac{\nu}{2G(1+\nu)}(\boldsymbol{\sigma}:\boldsymbol{\delta})\boldsymbol{\delta} + \frac{1}{3H}p\boldsymbol{\delta},$$

$$\varepsilon_{ij} = \frac{1}{2G}\sigma_{ij} - \frac{\nu}{2G(1+\nu)}\sigma_{kk}\delta_{ij} + \frac{1}{3H}p\delta_{ij} \tag{1.9}$$

式 (1.9) 中的前两项来自于式 (1.1)，而新增加的第三项来自于如下假设：孔隙流体不抗剪，因而孔隙流体的压力变化只对应变球量产生影响。由式 (1.9) 可知，该球量影响可写作

$$\varepsilon_{ll} = \frac{1}{3K}\sigma_{kk} + \frac{1}{H}p \tag{1.10}$$

式中，K 是多孔充液介质 (即 Biot 介质) 当孔隙流体压力保持常数不变 (增量 $p = 0$) 时的体积模量，K 与同一条件 ($p = 0$) 下的剪切模量 G、泊

[①] 这里隐含一个假设：对于 Biot 介质，当应力或孔隙流体压力保持常数不变时，其体积模量 K、剪切模量 G 和泊松比 ν 等弹性材料常数与保持不变的应力和孔隙流体常数值无关，称为"胡克弹性材料常数"。

松比 ν 保持和胡克弹性材料中一样的关系 [①]：

$$K = \frac{1}{3} \left. \frac{\partial \sigma_{kk}}{\partial \varepsilon_{ll}} \right|_{p=0} = \frac{2G(1+\nu)}{3(1-2\nu)} \tag{1.11}$$

而 H 是一个新的材料常数，它表示当介质整体外载球应力不变 ($\sigma_{kk} = 0$) 时，体积应变增长随孔隙压力增长的比例关系，即

$$\frac{1}{H} \equiv \left. \frac{\partial \varepsilon_{ll}}{\partial p} \right|_{\sigma_{kk}=0} \tag{1.12}$$

该常数写作 H 是为了与早期文献 [3, 7, 10] 一致。

式 (1.9) 可被进一步整理得

$$\varepsilon_{ij} = \frac{1}{2G} \Sigma_{ij} - \frac{\nu}{2G(1+\nu)} \Sigma_{kk} \delta_{ij} \tag{1.13}$$

式中，

$$\Sigma_{ij} = \sigma_{ij} + \alpha p \delta_{ij} \tag{1.14}$$

即 **Biot 有效应力**，α 为 Biot 有效应力系数：

$$\alpha = \frac{K}{H} \tag{1.15}$$

在大多数有关多孔弹性本构模型的书籍文献中，α 比 H 更为常用。读者可将式 (1.14) 和式 (1.15) 代入式 (1.13) 自行验证其正确性。可见，基于有效应力的多孔弹性本构方程 (式 (1.13)) 形式上与广义胡克定律 (式 (1.1)) 一样。

基于 α 的定义，式 (1.9) 也可写作

$$\varepsilon_{ij} = \frac{1}{2G} \sigma_{ij} - \frac{\nu}{2G(1+\nu)} \sigma_{kk} \delta_{ij} + \frac{\alpha(1-2\nu)}{2G(1+\nu)} p \delta_{ij} \tag{1.16}$$

由式 (1.13) 也容易推导出 $\sigma_{ij}(\varepsilon_{ij}, p)$：

$$\sigma_{ij} = 2G\varepsilon_{ij} + \frac{2G\nu}{1-2\nu} \varepsilon_{kk} \delta_{ij} - \alpha p \delta_{ij} \tag{1.17}$$

本书符号规定：应力 σ_{ij} 拉伸为正，应变 ε_{ij} 伸长为正，压力 p 受压为正。

[①] 本书采用在偏导运算符的竖线右下角书写条件的方式表示在对应条件的前提下求偏导数。例如式 (1.11) 表示当 $p = 0$ 时，求 σ_{kk} 对于 ε_{ll} 的偏导数。

1.1.2 折算体积分数 ζ 的引入

在 1.1 节的开头，已经介绍了 Biot 在广义胡克定律的基础上添加了孔隙流体压力 p 和一个孔隙流体体积分数变化量 ζ。但这不免给读者留下疑惑：究竟什么是 ζ，为什么要引入它，又为什么说它们是功共轭的？

另一方面，由图 1.1 可知，多孔材料被分割为三个部分：固体材料、充满流体的连通孔隙和不连通的孔隙。为何要将孔隙区分为连通与不连通的两部分？

实际上，这是由孔隙流体的客观性质决定的：考察孔隙流体的渗流过程时，需要对其列出流体质量守恒方程 (见 1.4.1 节基本方程中的式 (1.92))。显然，只有连通孔隙中的孔隙流体才应当建立质量守恒方程。假设孔隙流体是可压缩的。为了方便起见，把由质量按初始密度 ρ_0 计算的体积称为**“折算体积”**。定义 m 为流入变形前每单位初始体积 Biot 介质中的孔隙流体质量[①]，并定义 $\zeta = m/\rho_0$ 为 Biot 介质每单位初始体积接受来自周围或外界的流体折算体积[②]。故有

$$m = m_1 - m_0 = \rho_0(\zeta_1 - \zeta_0) = \rho_0\zeta \tag{1.18}$$

$$\zeta = \zeta_1 - \zeta_0 \tag{1.19}$$

式 (1.18) 中带有下标 0 的量表示初始值，带有下标 1 的量表示变形后的值，而不带下标的量依前述定义表示增量。m_0 表示 Biot 介质在变形前每单位体积所含的孔隙流体质量，$\zeta_0 = m_0/\rho_0$ 表示初始状态的孔隙体积分数或体积比，$\zeta_1 = m_1/\rho_0$。应当注意的是，在这种定义规则下，不带下标的量 (即增量) 在变形前的初值为零，例如 m_0 表示初始孔隙流体质量，而增量 m 在变形前为零。这也是为了与其他场变量 (如应力、应变等) 的增量标记保持一致。在本节中，至此共有 $\{m, \zeta, \rho\}$ 及将在式 (1.22) 和式 (1.23) 中定义的 v 四个物理量采用了这类定义方式。在初始状态，$m_0, \zeta_0, \rho_0, v_0$ 都不是零，但 m, ζ, ρ, v 表示增量都等于零。

---

① 读者应注意区分本节定义的孔隙流体质量 m、第 3 章中定义的各向异性材料常数二阶张量 $\mathbf{m}$，以及横观各向同性中的材料常数标量 m。

② 在文献 [10] 中 Detournay 与 Cheng 称 ζ 为 "流体含量" (fluid content)。由于 $\zeta = m/\rho_0$，ρ_0 为常数，因此 ζ 实际上代表质量，但具有体积的量纲。

如前所述，在微元整体 Ω 中，除了充满流体的连通孔隙部分 Ω_p 之外，固体材料部分与不连通的孔隙应当被混在一起看待。包含了所有固体材料和不连通的孔隙部分的并集，用 Ω_s 表示，即在本章开头所述的固体骨架，并有

$$\Omega = \Omega_s \cup \Omega_p, \quad V = V_s + V_p \tag{1.20}$$

式中，$V = |\Omega|, V_p = |\Omega_p|, V_s = |\Omega_s|$ 表示对应部分的体积。关于固体骨架变形更详细的讨论见 3.1 节中的相关分析。

基于这样的分割，可以定义材料的 **(初始) 孔隙比**φ_0(也称"(初始)孔隙体积分数")：

$$\varphi_0 = \frac{V_{p0}}{V_0}, \quad 1 - \varphi_0 = \frac{V_{s0}}{V_0} \tag{1.21}$$

式中，V_0, V_{p0}, V_{s0} 表示 V, V_p, V_s 的初值。孔隙比 φ_0 是一个材料常数，它的值就定义为介质在变形前的初始孔隙比。随着 Biot 介质的变形，V_p/V 可能会发生变化，但是在线性弹性理论中，$\Delta V_p = V_p - V_{p0}$ 以及 $V_p/V - V_{p0}/V_0$ 都是一阶小量[12]。

本书分析的是小变形、小位移的线弹性理论，在大部分场合中，将孔隙比替换为初始孔隙比对相应公式都只会带来高阶小量的改变。为略去高阶小量，凡是在这种场合中，本书都用初始孔隙比 φ_0 作为 V_p/V 的替代。

另一方面，也需要考察连通的孔隙部分的体积分数增量，将其定义为[①]

$$v = \frac{\Delta V_p}{V_0} \tag{1.22}$$

并按照式 (1.18) 处所描述的规则，记

$$v_0 = \frac{V_{p0}}{V_0}, \quad v_1 = \frac{V_p}{V_0} \tag{1.23}$$

---

① 在文献 [7] 中 Rice 与 Cleary 定义了如下的**表观体积分数 (apparent fluid volume fraction)**：

$$v_{RC} = \frac{V_p}{V_0}$$

这实际上与式 (1.23) 中使用的 v_1 为同一个物理量。本书为了统一记号，使用不带下标的物理量表示增量，分别使用下标 0 和 1 表示变形前与变形后的值，故与上述定义有所区别。

也请读者注意，书中定义的 v 与本书作者发表的文章 [16] 中的 v 定义不同。更多细节见第 78 页的脚注①。

因而依然满足 $v = v_1 - v_0$, 也同样按照约定记密度的变化量 $\rho = \rho_1 - \rho_0$, v_0 与 v_1 各表示 Biot 介质每单位初始体积变形前的初始孔隙体积与变形后的最终孔隙体积。若孔隙增大, v 为正, 否则为负。但应注意到, 增量 v 由两部分构成: ① 由孔隙压力变化导致的孔隙内流体本身体积膨胀或收缩; ② 由其他微元的流体流入或流出导致的孔隙体积分数变化。从式 (1.18) 中也可以得到印证。因而有

$$
\begin{aligned}
m = m_1 - m_0 &= \rho_1 v_1 - \rho_0 v_0 \\
&\approx \rho_0(v_1 - v_0) + v_0(\rho_1 - \rho_0) \\
&= \rho_0 v + v_0 \rho
\end{aligned}
\tag{1.24}
$$

式中的 "$\approx$" 实际上略去了一个二阶小量 $\rho v = (\rho_1 - \rho_0)(v_1 - v_0)$。尽管对比定义式 $(1.21)_1$ 和式 $(1.23)_1$ 即可知 $v_0 = \varphi_0$, 但本书为了方便读者区分材料常数孔隙比 φ_0 与孔隙体积分数增量 v, 还是使用了不同的符号表述这两个物理量。

若进一步假设孔隙流体在一定范围内的密度是随压力线性变化的, 即

$$
\frac{\rho}{\rho_0} = \frac{\rho_1 - \rho_0}{\rho_0} = \frac{p}{K_f} = C^f p
\tag{1.25}
$$

式中, K_f 为孔隙流体的体积模量, $C^f = 1/K_f$ 为体积模量的倒数。则将式 (1.18) 和式 (1.25) 代入式 (1.24), 可得

$$
m = \rho_0 \zeta \approx \rho_0(v + v_0 C^f p)
\tag{1.26a}
$$

$$
\zeta = v + \varphi_0 C^f p
\tag{1.26b}
$$

式 (1.26a) 的物理意义如下: 类似于式 (1.23) 下所说的关于孔隙体积变化分两部分组成, 从 Biot 介质微元周围或外部流入微元每单位初始体积中的流体质量 m 也由两部分组成。第一部分 (右端第一项) 为填满增大的孔隙体积 $v = v_1 - v_0$(由 v_0 增大到 v_1) 所需, 而第二部分 (右端第二项) 为提高流体密度 $\rho = \rho_1 - \rho_0$(由 ρ_0 增大到 ρ_1) 所需。式 (1.26b) 的物理意义同式 (1.26a), 只不过用 "折算体积" 来代替质量。

作为 Biot 介质的本构关系, 若以应力型变量 σ_{kl} 与 p 为自变量, 前文中只有应变型变量 $\varepsilon_{ij}(\sigma_{kl}, p)$ 的表达式 (1.9) 和式 (1.16), 还缺少 $\zeta(\sigma_{kl}, p)$。其实 $(\varepsilon_{ij}, \zeta)$ 和 (σ_{kl}, p) 是两对互为函数的变量:

$$\begin{cases} \varepsilon_{ij} = \varepsilon_{ij}(\sigma_{kl}, p) & \text{(1.27a)} \\ \zeta = \zeta(\sigma_{kl}, p) & \text{(1.27b)} \end{cases}$$

$$\begin{cases} \sigma_{kl} = \sigma_{kl}(\varepsilon_{ij}, \zeta) & \text{(1.28a)} \\ p = p(\varepsilon_{ij}, \zeta) & \text{(1.28b)} \end{cases}$$

与式 (1.9) 之前关于圆括号内外的下标记法类似，这里出现于左端的下标 i, j, k, l 表示任选 1, 2, 3 之一；但出现在右端的圆括号内作为自变量的下标则表示全部分量。式 (1.27a) 就代表式 (1.9) 或式 (1.16)。如果同时还有式 (1.27b)，就可以由式 (1.27a) 和式 (1.27b) 解出式 (1.28a) 和式 (1.28b)。下面讨论如何建立式 (1.27b)。

作为弹性介质的特性，存在应变能函数 $W(\varepsilon_{ij}, \zeta)$ 与余能函数 $W^*(\sigma_{ij}, p)$ 使得

$$\begin{cases} \sigma_{ij} = \dfrac{\partial W(\varepsilon_{ij}, \zeta)}{\partial \varepsilon_{ij}} & \text{(1.29a)} \\[3mm] p = \dfrac{\partial W(\varepsilon_{ij}, \zeta)}{\partial \zeta} & \text{(1.29b)} \end{cases}$$

$$\begin{cases} \varepsilon_{ij} = \dfrac{\partial W^*(\sigma_{ij}, p)}{\partial \sigma_{ij}} & \text{(1.30a)} \\[3mm] \zeta = \dfrac{\partial W^*(\sigma_{ij}, p)}{\partial p} & \text{(1.30b)} \end{cases}$$

那么利用微积分中函数的二阶偏导数与求导先后次序无关的定理，可由式 (1.29) 和式 (1.30) 得到[①]

$$\frac{\partial \sigma_{ij}(\varepsilon_{ij}, \zeta)}{\partial \zeta} = \frac{\partial p(\varepsilon_{ij}, \zeta)}{\partial \varepsilon_{ij}} \tag{1.31}$$

$$\frac{\partial \varepsilon_{ij}(\sigma_{ij}, p)}{\partial p} = \frac{\partial \zeta(\sigma_{ij}, p)}{\partial \sigma_{ij}} \tag{1.32}$$

---

① 对应变分量 ε_{ij} 或应力分量 σ_{ij} 求导，当 $i \neq j$ 时，在连续介质力学中有两种方法。一种是张量分析中的方法，将 ε_{ij} 与 ε_{ji}（或 σ_{ij} 与 σ_{ji}）看作独立的变量。另一种是工程记法：对剪应力，考虑 $\sigma_{ij} = \sigma_{ji}$，两者不加区分但改记为 τ_{ij}，τ_{ji} 与 τ_{ij} 是同一个变量；而对剪应变，也考虑 $\varepsilon_{ij} = \varepsilon_{ji}$，但改用 $\gamma_{ij} = \gamma_{ji} = \varepsilon_{ij} + \varepsilon_{ji}$，$\gamma_{ji}$ 与 γ_{ij} 是同一个变量。有些细节详见文献 [17]，本书采用张量分析中的方法。

对各向同性材料，将式 (1.9) 代入式 (1.32)，可得

$$\frac{\partial \zeta}{\partial \sigma_{ij}} = \frac{\partial \varepsilon_{ij}}{\partial p} = \frac{1}{3H} \delta_{ij} \tag{1.33}$$

故对于线弹性情况，必有 (利用 $\sigma_{ij} \delta_{ij} = \sigma_{kk}$)

$$\zeta = \frac{1}{3H} \sigma_{kk} + C_{\text{CH}} p \tag{1.34}$$

式中第二项的系数 C_{CH} 是一个新的常数：

$$C_{\text{CH}} \equiv \left. \frac{\partial \zeta}{\partial p} \right|_{\sigma_{kk}=0} \tag{1.35}$$

常数 C_{CH} 在文献 [10] 中也写作 $1/R'$。①在本书中写作 C_{CH} 是为了与第 3 章中的记号统一，其中下标 CH 表示该常数是 Cheng[18] 定义的。由式 (1.35) 可知，常数 C_{CH} 表示材料在不受力的状态下，每提升单位孔隙压力后单位初始体积材料能够吸收孔隙流体 (按折算体积计算) 的能力。

两对方程式(1.29) 和式 (1.30)、式 (1.31) 和式 (1.32) 之间，属于自变量与函数的转换关系，这种关系常出现在连续介质力学中，即勒让德变换 (Legendre transformation，见文献 [17])。

现在来计算 Biot 介质的变形功。把应变型变量 $(\varepsilon_{ij}, \zeta)$ 从初始状态 $(\varepsilon_{ij} = 0, \zeta = 0)$ 到最终状态 $(\varepsilon_{ij}, \zeta = \zeta_1 - \zeta_0)$ 的加载过程分割为许多小段 $(\mathrm{d}\varepsilon_{ij}, \mathrm{d}\zeta)$。对于 Biot 介质每单位初始体积 $(V_0 = 1)$，每一小段的变形元功为

$$\begin{aligned} \mathrm{d}W &= \boldsymbol{\sigma} : \mathrm{d}\boldsymbol{\varepsilon} + p \, \mathrm{d}\zeta \\ &= \sigma_{ij} \, \mathrm{d}\varepsilon_{ij} + p \, \mathrm{d}\zeta \end{aligned} \tag{1.36}$$

因为弹性材料的元功转化为应变能的增量 $\mathrm{d}W$，所以式 (1.29) 恰好是式 (1.36) 构成全微分的条件，它的物理意义是：在应变空间 $(\varepsilon_{ij}, \zeta)$ 中从

---

① 在两篇关于多孔弹性本构的经典文献 [10] 和文献 [7] 中都定义了材料常数 R，但应当注意不要把这两个常数搞混，它们之间满足

$$\frac{1}{R_{\text{RC}}} = \frac{1}{R_{\text{DC}}} - \frac{\varphi_0}{K_f} \tag{1.37}$$

式中，R_{RC} 即文献 [7] 中的 R；R_{DC} 即文献 [10] 中的 R'，也是本书中的 $\dfrac{1}{C_{\text{CH}}}$；φ_0 为材料的初始孔隙比；而 K_f 为孔隙流体的体积模量，见式 (1.25)。

某一初始状态到某一最终状态, 可以选择许多不同的加载路径, 但变形功
(元功 $\mathrm{d}W$ 之总和, 即应变能 W) 与选择的加载路径无关, 只取决于初始
和最终两个状态。类似的讨论也适用于在应力空间 (σ_{ij}, p) 中从初始状态
$(\sigma_{ij} = 0, p = 0)$ 到最终状态 (σ_{ij}, p) 的加载过程。分割成小段 $(\mathrm{d}\sigma_{ij}, \mathrm{d}p)$
后, 对于 Biot 介质每单位初始体积 $(V_0 = 1)$, 每一小段的变形余元功为

$$\mathrm{d}W^* = \boldsymbol{\varepsilon} : \mathrm{d}\boldsymbol{\sigma} + \zeta\, \mathrm{d}p$$
$$= \varepsilon_{ij}\, \mathrm{d}\sigma_{ij} + \zeta\, \mathrm{d}p \tag{1.38}$$

式 (1.30) 恰好是式 (1.38) 构成全微分的条件。

当孔隙流体不可压缩时, $K_f = \infty$, $C^f = 1/K_f = 0$, 式 (1.26b) 简
化为 $\zeta = v$, 则式 (1.36) 的变形元功为

$$\mathrm{d}W_{\mathrm{RC}} = \boldsymbol{\sigma} : \mathrm{d}\boldsymbol{\varepsilon} + p\, \mathrm{d}v$$
$$= \sigma_{ij}\, \mathrm{d}\varepsilon_{ij} + p\, \mathrm{d}v \qquad (\text{当 } C^f = 0) \tag{1.39}$$

文献 [7] 中 (228 页) 引用了式 (1.39), 虽未说明, 但应该是孔隙流体不可
压缩的情况。在孔隙流体可压缩时, 对于 Biot 介质每单位初始体积的元
功, 式 (1.36) 的第二项 $p\,\mathrm{d}\zeta$ 表示把折算体积为 $\mathrm{d}\zeta$ 的流体从微元的外部
输运进入微元内部, 液压 p 所做的元功; 而式 (1.39) 的第二项 $p\,\mathrm{d}v$, 只计
算了把折算体积为 $\mathrm{d}v$ 的流体从微元的外部输运进入微元内部, 液压 p 所
做的元功。注意无论 $p\,\mathrm{d}\zeta$ 或 $p\,\mathrm{d}v$ 都表示用于输运的元功, 而不表示用于
压缩体积的元功。用于液压 p 对于孔隙体积压缩的元功可由式 (1.25) 或
式 (1.26) 得到, 应为 $-p(v_0 C^f \mathrm{d}p)$, 已经包括在式 (1.36) 的第一项 $\sigma_{ij}\,\mathrm{d}\varepsilon_{ij}$
中, 因为 σ_{ij} 为全应力, 对微元变形的元功 $\sigma_{ij}\,\mathrm{d}\varepsilon_{ij}$ 也包含孔隙液体压力
p 的贡献。1.4.1 节的平衡方程 (式 (1.90)) 因为同样的道理, 也只考虑应
力 $\boldsymbol{\sigma}$ 的平衡, 无须再考虑液压 p 的贡献 (请参考式 (1.90) 后面的讨论)。

式 (1.34) 也可由式 (1.10) 和式 (1.15) 改写为

$$\zeta = \frac{\alpha}{3K}\sigma_{kk} + C_{\mathrm{CH}}p \tag{1.40}$$

$$= \alpha\varepsilon_{kk} + \left(C_{\mathrm{CH}} - \frac{\alpha^2}{K}\right)p \tag{1.41}$$

$$= \alpha\varepsilon_{kk} + \frac{1}{M_{\mathrm{CH}}}p \tag{1.42}$$

式中，M_{CH} 也是由 Cheng[18] 定义的材料常数，也称作"**Biot 模量**"①。

$$\frac{1}{M_{\mathrm{CH}}} \equiv \left. \frac{\partial \zeta}{\partial p} \right|_{\varepsilon_{kk}=0} = C_{\mathrm{CH}} - \frac{\alpha^2}{K} \tag{1.43}$$

将式 (1.40) 代入式 (1.26b)，也可得到

$$v = \frac{\alpha}{3K}\sigma_{kk} + (C_{\mathrm{CH}} - \varphi_0 C^f)p \tag{1.44}$$

至此，各向同性多孔弹性本构模型中的应变侧 $\{\varepsilon_{ij}, \zeta\}$ 与应力侧 $\{\sigma_{ij}, p\}$ 的本构关系式已经构造完成：$\varepsilon_{ij}(\sigma_{ij}, p)$ 由式 (1.9) 或式 (1.16) 给出；$\zeta(\sigma_{ij}, p)$ 由式 (1.34) 或式 (1.40) 给出。从这些本构方程中可见，各向同性多孔弹性介质共有 4 个独立的材料常数：其中两个来自于广义胡克定律中定义的材料常数：$\{G, \nu, K\}$ 等，但其中只有两个是独立的；另外两个则是由多孔介质新添加的：$\{H, \alpha, C_{\mathrm{CH}}, M_{\mathrm{CH}}\}$ 等，这其中也是只有两个独立的。只要指定了介质中的 4(即$2+2$) 个独立材料常数，其他材料常数都可以相互导出。

1.1.3　全渗状态与无渗状态

在多孔介质中，有两个特殊状态值得详细讨论：全渗状态与无渗状态，有的文献中也称作"排水状态与不排水状态"。

全渗 (drained) 状态实际上就是指孔隙压力不发生变化 ($p = 0$) 的状态，对于给定边界条件的有限大物体，全渗状态往往在时间趋于无穷大、全场孔隙压力达到平衡状态时发生。因而全渗状态下材料的本构方程只需满足

$$\begin{cases} \varepsilon_{ij} = \dfrac{1}{2G}\sigma_{ij} - \dfrac{\nu}{2G(1+\nu)}\sigma_{kk}\delta_{ij} \\[2mm] \zeta = \dfrac{\alpha}{3K}\sigma_{kk} \end{cases}, \quad (p = 0) \tag{1.45} \tag{1.46}$$

---

① M_{CH} 表示材料在保持总体积不变的状态下，孔隙液压 p 对于孔隙流体含量折算体积分数 ζ 的变化率。因为 M_{CH} 具有和杨氏模量、剪切模量等相同的量纲 $(\mathrm{N/m}^2)$，故习惯上也称 M_{CH} 为 "Biot 模量"。

同时孔隙压力保持不变 ($p = 0$)。可见，在全渗状态下，全场的应变-应力关系 (式 (1.45)) 表现得与广义胡克定律 (式 (1.1)) 完全一致。这也意味着，在全渗状态下，多孔材料对外将表现得如同一个传统线弹性胡克材料，因而它的特征也可以用传统线弹性胡克材料常数描述，如剪切模量 G、泊松比 ν、体积模量 K 等。因此，在 1.1 节定义的这几个与广义胡克定律有关的弹性常数，也可被称作该多孔弹性介质 (Biot 介质) 的"全渗材料常数"。

后文将进一步讨论与之相对的另一种特殊状态：**无渗 (undrained)** 变形状态，即不允许孔隙流体进出微元的状态。这种状态往往在加载后瞬时那一刻发生，因为流体的流动与压力扩散需要时间。这与时间趋于无穷长时的全渗状态正好相反。用本节本构模型的记号，无渗状态实际上指保持 $\zeta = 0$ 下的变形状态。由式 (1.34) 可知此时应有

$$p = -\frac{B}{3}\boldsymbol{\sigma} : \boldsymbol{\delta} = -\frac{B}{3}\sigma_{kk}, \qquad (\zeta = 0) \tag{1.47}$$

式中，

$$B = \frac{1}{C_{\mathrm{CH}}H} = \frac{\alpha}{C_{\mathrm{CH}}K} \tag{1.48}$$

此处 B 是一个在各向同性多孔弹性本构模型中被广泛使用的材料常数，一般被称作"Skempton 系数"[7-8,10,18]。它表示在加载后一瞬间 (无渗状态下)，介质内各点孔隙压力与应力球量应满足的比例关系。

因此，通过将式 (1.47) 代入式 (1.16)，在无渗变形情况下 ε_{ij} 与 σ_{ij} 之间的本构关系变为

$$\varepsilon_{ij} = \frac{1}{2G}\sigma_{ij} - \frac{\nu + \alpha B(1-2\nu)/3}{2G(1+\nu)}\sigma_{kk}\delta_{ij} \tag{1.49}$$

此时，若定义

$$\nu_u = \frac{3\nu + \alpha B(1-2\nu)}{3 - \alpha B(1-2\nu)} \tag{1.50}$$

则可将无渗本构关系式 (1.49) 整理为

$$\varepsilon_{ij} = \frac{1}{2G}\sigma_{ij} - \frac{\nu_u}{2G(1+\nu_u)}\sigma_{kk}\delta_{ij} \tag{1.51}$$

式 (1.51) 有着与广义胡克定律类似的结构，区别只在于将泊松比 ν 改写为 ν_u。这意味着，在无渗状态下，多孔材料也表现出如同广义胡克定律

一般的线弹性材料性质，只是材料的泊松比变为无渗泊松比 ν_u，而剪切模量 G 保持不变。这也符合我们对于孔隙流体不抗剪这一材料力学行为的直观印象。

由于各向同性多孔材料在无渗状态下表现出由 $\{G, \nu_u\}$ 定义的线弹性材料性质，也可以仿照线弹性材料中体积模量 K 的关系式 (1.11) 定义无渗体积模量 K_u：

$$K_u = \frac{1}{3} \left. \frac{\partial \sigma_{kk}}{\partial \varepsilon_{ll}} \right|_{\zeta=0} \tag{1.52}$$

将无渗状态式 (1.47) 代入本构关系的体积部分关系式 (1.10) 中，利用式 (1.15) 和式 (1.52)，可见

$$\frac{1}{K_u} = \frac{1}{K} - \frac{B}{H} = \frac{1 - \alpha B}{K} \tag{1.53}$$

因而也有

$$B = \frac{K_u - K}{\alpha K_u} \tag{1.54}$$

可以验证，类似于式 (1.11)，在无渗状态下定义的 $\{G, \nu_u, K_u\}$ 也满足线弹性材料广义胡克定律中的要求：

$$K_u = \frac{2G(1 + \nu_u)}{3(1 - 2\nu_u)} \tag{1.55}$$

1.1.4　各向同性多孔弹性本构中的材料常数

随着 1.1.3 节中无渗关系的展开，大量新的材料常数被引入，此处给出一些材料常数之间有用的恒等式：考虑到无渗状态下 $\varepsilon_{kk} = \sigma_{kk}/3K_u$，代入式 (1.42) 可得无渗状态下有

$$0 = \frac{\alpha}{3K_u} \sigma_{kk} + \frac{1}{M_{\text{CH}}} p \tag{1.56}$$

而由 B 的定义式 (1.47) 与式 (1.52) 比较 (均为无渗状态下，$\zeta = 0$)，可知应当有

$$B = \frac{\alpha M_{\text{CH}}}{K_u} \tag{1.57}$$

考虑到式 (1.48)，可以得到

$$C_{\mathrm{CH}} M_{\mathrm{CH}} = \frac{K_u}{K} \tag{1.58}$$

因而有

$$\frac{B}{\alpha} = \frac{M_{\mathrm{CH}}}{K_u} = \frac{1}{C_{\mathrm{CH}} K} \tag{1.59}$$

并可以由式 (1.54) 进一步得到

$$\alpha^2 M_{\mathrm{CH}} = K_u - K \tag{1.60}$$

$$B^2 C_{\mathrm{CH}} = \frac{1}{K} - \frac{1}{K_u} \tag{1.61}$$

上述等式读者可以自行代入验证。

尽管 1.1.3 节中引入了一些新材料常数，但如同 1.1 节所述，对于各向同性多孔弹性本构模型，只有四个材料常数是独立的。为了方便讨论，本章将采用 $\{G, \nu, \alpha, \nu_u\}$ 作为基本的材料常数。

在场方程的推导中会发现，部分材料常数组合总是固定在一起出现，见 1.4.2 节。为了简化表达式，可以将它们合并在一起定义为新的材料常数[10,16]。本节将给出几个属于此类的材料常数。在扩散方程式 (1.107) 和 BM 协调方程 (1.101) 中将出现材料常数 η，它仅定义在各向同性多孔弹性本构中，也被称为"多孔弹性应力系数"(poroelastic stress coefficient)：

$$\eta = \frac{\alpha(1 - 2\nu)}{2(1 - \nu)} \tag{1.62}$$

后文为处理横观各向同性平面问题，将在 3.3.3.2 节中给出横观各向同性本构中定义的 η，见式 (3.132)。需注意虽然在各向同性情况下，式 (3.132) 退化为式 (1.62)，但不应当把横观各向同性本构中的 η 与各向同性本构中的 η(式 (1.62)) 混淆。

K_u 的表达式已由式 (1.55) 给出，而对于 Skempton 系数 B，将式 (1.55) 代入式 (1.54) 可得

$$B = \frac{3\left(\nu_u - \nu\right)}{2\eta\left(1 - \nu\right)\left(1 + \nu_u\right)} = \frac{3\left(\nu_u - \nu\right)}{\alpha\left(1 - 2\nu\right)\left(1 + \nu_u\right)} \tag{1.63}$$

M_{CH} 的表达式可由式 (1.55)、式 (1.57) 和式 (1.63) 得到

$$M_{\text{CH}} = \frac{2G(\nu_u - \nu)}{\alpha^2(1 - 2\nu_u)(1 - 2\nu)} \tag{1.64}$$

在各向同性材料中，一般有如下的材料常数取值范围 (见文献 [10])：

$$\begin{aligned}
&0 \leqslant \nu \leqslant \nu_u \leqslant 0.5, \\
&0 \leqslant \alpha \leqslant 1, \\
&0 \leqslant \eta \leqslant 0.5, \\
&0 \leqslant B \leqslant 1, \\
&0 \leqslant K \leqslant K_u, \\
&0 \leqslant M_{\text{CH}}
\end{aligned} \tag{1.65}$$

1.1.5　平面应变状态下的本构方程

平面应变指介质的变形都限定于特定平面内的特殊变形情况。如当 x_3 为该平面应变的面外法向时，应当有 $\varepsilon_{33} = \varepsilon_{23} = \varepsilon_{13} = 0$。代入本构方程式 (1.16) 中，可得

$$\sigma_{33} = \nu\sigma_{\gamma\gamma} - \alpha(1 - 2\nu)p \tag{1.66}$$

式中，$\gamma = 1, 2$。将式 (1.66) 回代入式 (1.16)，此时平面应变下的本构方程可以化简为

$$\varepsilon_{\alpha\beta} = \frac{1}{2G}\sigma_{\alpha\beta} - \frac{\nu}{2G}\sigma_{\gamma\gamma}\delta_{\alpha\beta} + \frac{\alpha(1 - 2\nu)}{2G}p\delta_{\alpha\beta} \tag{1.67}$$

缩并指标 α 与 β 得到

$$\varepsilon_{\gamma\gamma} = \frac{1 - 2\nu}{2G}\left(\sigma_{\gamma\gamma} + 2\alpha p\right) \tag{1.68}$$

也可由式 (1.40) 得到 $\zeta(\sigma_{ij}, p)$ 在平面应变状态下的本构：

$$\zeta = \frac{\alpha(1 + \nu)}{3K}\sigma_{\gamma\gamma} + \left(C_{\text{CH}} - \frac{\alpha^2(1 - 2\nu)}{3K}\right)p \tag{1.69}$$

$$= \frac{\alpha(1 - 2\nu)}{2G}\left(\sigma_{\gamma\gamma} + 2\alpha p\right) + \frac{1}{M_{\text{CH}}}p \tag{1.70}$$

$$= \frac{\alpha(1-2\nu)}{2G}\left(\sigma_{\gamma\gamma} + 2\eta p\right) + \left(\frac{1}{M_{\mathrm{CH}}} + \frac{\alpha\eta}{G}\right)p \tag{1.71}$$

将式 (1.48) 代入式 (1.69)，并利用式 (1.63)，可得

$$\zeta = \frac{\alpha(1+\nu)}{3K}\sigma_{\gamma\gamma} + \frac{\alpha(1+\nu)}{BK(1+\nu_u)}p \tag{1.72}$$

$$= \frac{\alpha(1-2\nu)}{2G}\left[\sigma_{\gamma\gamma} + \frac{3}{B(1+\nu_u)}p\right] \tag{1.73}$$

1.2　微观分析

本节将在 1.1.2 节的基础上，详细讨论 Ω_s 与 Ω_p 对于孔隙压力与应力的体积响应。

1.2.1　无封套体积模量

Rice 与 Cleary [7] 关于 Biot 本构关系的经典文章提出了两个关于固体骨架材料的特殊材料常数：无封套体积模量 K_s' 与无封套孔隙模量 K_s''。这两个材料常数的定义如下 [19-20]：将整个多孔材料不加封套地直接浸泡在孔隙流体之中，提升孔隙流体的压力，分别测量岩石整体体积增量比 $\Delta V/V_0$ 和连通的孔隙的体积增量比 $\Delta V_p/V_0$ 随孔压 p 的变化率的倒数。从测量过程中即可看出这两个模量带有**无封套 (unjacketed)** 的含义。

在无封套状态下，流体压力同时施加在介质外部与连通的孔隙内部。当流体总体压力提升 p 时，可以认为此时介质处于外加应力 $\boldsymbol{\sigma} = -p\boldsymbol{\delta}$(即 $\sigma_{ij} = -p\delta_{ij}$) 和内加孔隙压力 p 的载荷模式下。后文将这种无封套的载荷模式也称作 "Π-loading 载荷"。

在这里给出 Rice 与 Cleary [7] 关于两模量的定义式。首先，$1/K_s'$ 指在 Π-loading 载荷下，应变球量随着孔隙压力的增加而减小的率 [①]：

$$\frac{1}{K_s'} = -\frac{1}{V_0}\left.\frac{\partial \Delta V}{\partial p}\right|_{\boldsymbol{\sigma}+p\boldsymbol{\delta}=0} = -\left.\frac{\partial \varepsilon_{kk}}{\partial p}\right|_{\boldsymbol{\sigma}+p\boldsymbol{\delta}=0} \tag{1.74}$$

---

① 如第 5 页脚注 ① 所述，式 (1.74) 表示在 $\boldsymbol{\sigma}+p\boldsymbol{\delta}=0$ 的前提下，求 ε_{kk} 对 p 的偏导数。

而 $1/K_s''$ 指在 II-loading 载荷下，连通的孔隙所占的体积分数随压力的增加而减少的率：

$$\frac{1}{K_s''} = -\frac{1}{V_{p0}} \frac{\partial \Delta V_p}{\partial p}\bigg|_{\boldsymbol{\sigma}+p\boldsymbol{\delta}=0} = -\frac{1}{\varphi_0} \frac{\partial v}{\partial p}\bigg|_{\boldsymbol{\sigma}+p\boldsymbol{\delta}=0} \tag{1.75}$$

式 (1.75) 中 v 的定义由式 (1.22) 给出，它的主要性质由式 (1.26b) 说明。

模仿 K_s' 和 K_s''，也可以将 K_s 定义为在 II-loading 载荷下，固体骨架所占的体积分数随压力的增加而减少的率：

$$\frac{1}{K_s} = -\frac{1}{V_{s0}} \frac{\partial \Delta V_s}{\partial p}\bigg|_{\boldsymbol{\sigma}+p\boldsymbol{\delta}=0} \tag{1.76}$$

由于多孔材料的体积变形总是分别由固体骨架与孔隙流体的体积变形引起的，即

$$\Delta V = \Delta V_s + \Delta V_p \tag{1.77}$$

将式 (1.74)、式 (1.75) 和式 (1.77) 代入式 (1.76)，可发现这三者的无封套体积模量应具有如下关系：

$$\frac{1}{K_s} = \frac{1}{1-\varphi_0}\frac{1}{K_s'} - \frac{\varphi_0}{1-\varphi_0}\frac{1}{K_s''} \tag{1.78}$$

将本章定义的多孔弹性本构模型直接代入 K_s' 与 K_s'' 的定义中，即可得到在各向同性本构模型下这两个无封套模量与其他材料常数之间的关系。

首先，将本构关系式 (1.16) 或直接将体积变形本构关系式 (1.10)，代入式 (1.74)，并利用式 (1.15) 可得

$$\frac{1}{K_s'} = \frac{1}{K} - \frac{\alpha}{K} \tag{1.79}$$

因而有

$$\alpha = 1 - \frac{K}{K_s'} \tag{1.80}$$

另一方面，将式 (1.44) 代入式 (1.75)$_2$ 可得

$$\frac{1}{K_s''} = \frac{1}{\varphi_0}\left(\frac{\alpha}{K} - C_{\text{CH}} + \varphi_0 C^f\right) \tag{1.81}$$

或

$$C_{\text{CH}} = \frac{\alpha}{K} - \frac{\varphi_0}{K_s''} + \varphi_0 C^f \tag{1.82}$$

$$= \frac{1}{K} - \frac{1}{K_s'} - \frac{\varphi_0}{K_s''} + \varphi_0 C^f \tag{1.83}$$

将式 (1.83) 代入 M_{CH} 的表达式 (1.43) 中，也可以得到

$$\frac{1}{M_{\text{CH}}} = \frac{1}{K_s'} - \frac{K}{K_s'^2} - \frac{\varphi_0}{K_s''} + \varphi_0 C^f \tag{1.84}$$

$$= \frac{\alpha}{K_s'} - \frac{\varphi_0}{K_s''} + \varphi_0 C^f \tag{1.85}$$

由于式 (1.80)、式 (1.83) 和式 (1.84) 的左侧均为多孔材料在宏观意义下表现出的材料常数 α，C_{CH}，M_{CH}，而右端出现了诸如 K_s'，K_s''，φ_0，C^f 在微观分析中才出现的常数，因此这几个公式可以被看作将各向同性多孔弹性本构模型的宏观特征与微观特征联系起来的公式。

应当注意到，各向同性多孔弹性共有四个独立的材料常数，其中两个例如 G, ν 类似于胡克固体弹性变形，另外两个则是由多孔弹性本构新添加的。但由式 (1.80) 和式 (1.83) 可见，其中出现了四个与多孔弹性相关的新常数：$\{K_s', K_s'', \varphi_0, C^f\}$，这意味着为了确定两个独立的宏观材料常数，需要测量四个微观材料常数。因此，设计实验直接测量两个宏观材料常数更合适。

1.2.2　理想多孔弹性材料

在 Rice 与 Cleary [7]，Detournay 与 Cheng[10] 和 Cheng[12] 的文献中，都提出过**理想多孔弹性材料**的概念。它是指在受到 Π-loading 载荷时，满足以下关系的多孔材料：

$$\frac{\Delta V_s}{V_{s0}} = \frac{\Delta V_p}{V_{p0}} = \frac{\Delta V}{V_0} \tag{1.86}$$

而由 $\{K_s, K_s', K_s''\}$ 的定义内涵可知，理想多孔弹性材料等价于

$$K_s = K_s' = K_s'' \tag{1.87}$$

实际上，由于 $V = V_s + V_p$ 与 $\Delta V = \Delta V_s + \Delta V_p$，式 (1.86) 中任意两者

相等，可推出第三者与它们也相等。这对式 (1.87) 也是一样。而这从 $\{K_s, K_s', K_s''\}$ 之间的关系式 (1.78) 中也可以得到印证。

Tarokh[19] 分别针对 (a) 人工二氧化硅、(b) Dunnville 砂岩和 (c) Berea 砂岩测量多孔岩石的力学材料属性，设计了实验方案。K_s 和 K_s' 测量起来比较方便，但对于 K_s'' 的测量需要考虑到流体自身的可压缩性，以及测量装置中由管线中残留流体等带来的流体体积测量误差 (例如被包含在测量范围内，但并非从岩石中反排的流体部分体积)，十分困难。Tarokh 精细考虑上述因素之后，对于三种不同的样品给出了 K_s' 和 K_s'' 的测量结果，并将其与材料本身的 K_s 对比。

组成这三种不同材料的主要成分都是石英，Tarokh 对它们的测量结果为

(a) 人工二氧化硅：$K_s' = 23.8\ \mathrm{GPa}$，$K_s'' = 24\ \mathrm{GPa}$，该材料的石英组分是岩石中 α-石英的同质异形体，因而未能给出 K_s。

(b) Dunnville 砂岩：$K_s' = 35\ \mathrm{GPa}$ 或 $36\ \mathrm{GPa}$，$K_s'' = 35\ \mathrm{GPa}$，其中石英材料 $K_s = 37\ \mathrm{GPa}$。

(c) Berea 砂岩：$K_s' = 30\ \mathrm{GPa}$ 或 $29\ \mathrm{GPa}$，$K_s'' = 22\ \mathrm{GPa}$，其中石英材料 $K_s = 37\ \mathrm{GPa}$。

Tarokh 由此分析认为：

(1) 人工二氧化硅可以被看作一个"理想多孔弹性材料"，即骨架材料内完全均匀且没有不连通的孔隙。因此 $K_s' = K_s''$ 满足得很好。

(2) Dunnville 砂岩的固体骨架中有 90% ~ 95% 的成分是石英，以及约 1% 的不连通孔隙。较低的不连通孔隙比和较高的 (单一组分) 石英比例让它可以被看作理想多孔材料，因而满足有 $K_s' \approx K_s'' \approx K_s$。

(3) Berea 砂岩的固体骨架中只有 80% ~ 85% 的成分是石英，同时含有 3% ~ 5% 的黏土，并且有约 2% 的不连通孔隙。Tarokh 认为不连通孔隙比和黏土成分比的升高是导致该岩石中 $K_s' \neq K_s'' \neq K_s$ 的直接原因。Tarokh 也指出他的测量结果与之前针对 Berea 砂岩类似实验的测量结果 [21-22] 吻合。

这也意味着理想多孔弹性材料在应用中有一定的局限性，但对于某些本身组成成分单一且不连通孔隙比例较低 (约小于等于 1%) 的多孔材料可能适用。

1.3　多孔弹性介质中的典型现象

本节将以几个使用多孔弹性本构的分析典型问题为例，介绍多孔弹性本构几个最主要的特征。

1.3.1　地面沉降问题

地面沉降可以被简化为一个一维变形问题。考虑高为 L 的多孔介质，下表面固定 $(u_z = 0)$ 且不可渗流：$q_z \propto (-\partial p/\partial z) = 0$（$q_z$ 表示 z 方向的渗流速度，也见式 (1.92) 和式 (1.93) 的说明）。某一时刻 (设 $t = 0$)，在上表面突然加载压应力 σ_0 而让孔隙压力自由 $(p = 0)$，如图 1.2 所示。该问题是一维变形问题，即满足 $u_x = u_y = 0$，且 $u_z = u_z(z,t)$ 只是 z 与时间 t 的函数。图 1.2 中的左、右两边界是向无穷远处延伸的。

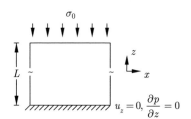

图 1.2　土壤单轴压实问题示意图

对于传统的线弹性胡克本构关系，该问题的求解结果十分简单。但使用多孔弹性本构关系分析时，会看到 1.1.3 节中介绍的无渗与全渗两个典型现象。具体求解过程和解的解析表达式可参考文献 [10] 中的 6.1 节，本书从略，只介绍求解结果。

如前文所述，多孔弹性本构由于耦合了流体的渗流扩散过程，求解结果总是时间相关的。该问题的上表面位移求解结果如图 1.3 所示。图 1.3 中横坐标 t^* 为无量纲时间，且 t^* 轴使用对数坐标；纵坐标 $\tilde{u}_z$ 是无量纲位移，使用普通坐标轴。可见在上表面应力突然加载之后，介质在无渗状态下发生变形，此时由于孔隙流体还来不及流动，相当于在整体上可以帮固体骨架"支撑"顶部的加载。之后随着时间流逝，由于上表面流体可以自由渗流，孔隙流体逐渐流失，支撑效果也越来越差，直到最终总体变形稳定在全渗状态下，即孔隙压力也达到自平衡 (本例中自平衡状态即全场孔隙压力 $p = 0$)。本例中，由于全渗状态下孔隙压力为零，最终只有固体骨架提供支撑。本例也解释了为何在多孔弹性材料中 $K_u \geqslant K$。

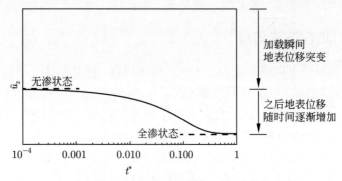

图 1.3　土壤单轴压实问题的上表面位移解

1.3.2　Skempton 效应

Mandel 问题

考查如图 1.4 所示的二维平面应变 $(u_y = 0)$ 压缩问题：在一块长为 $2a$，高为 $2b$ 的介质中，上下表面保持位移一致地突然施加总压力为 $2F$ 的力，并保持上、下表面流体不可渗流：

$$\frac{\partial u_z(x, z = \pm b, t)}{\partial x} = 0$$

$$\int_a^{-a} \sigma_{zz}(x, z = \pm b, t)\,\mathrm{d}x = 2F$$

$$\frac{\partial p(x, z = \pm b, t)}{\partial z} = 0$$

与此同时，该介质的左右两侧保持自由边界条件：

$$\sigma_{xx}(x = \pm a, z, t) = 0$$

$$\sigma_{xz}(x = \pm a, z, t) = 0$$

$$p(x = \pm a, z, t) = 0$$

该问题的分析思路与求解结果见文献 [12] 中的 7.7 节。本节只通过此问题介绍多孔弹性本构性质。

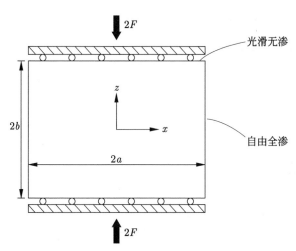

图 1.4　Mandel 平面应变压缩问题载荷示意图

可以想到，与 1.3.1 节中加载的例子类似，在突然加载力 $2F$ 之后，由于没有考虑应力波的效应，应力载荷将在瞬间影响到全场。而此时在突然加载的无渗状态下孔隙流体还来不及流动，因此在全场范围内孔隙压力都会突然升高到一个确定的值。

这个在无渗状态下孔隙压力随应力突然变化的现象被称为"**Skempton 效应**"。在式 (1.47) 和式 (1.48) 中定义的材料常数 B 为 Skempton 系数也是出于此原因，它表示在无渗状态下孔隙压力与应力球量之间的比例系数。在第 3 章中，将把 Skempton 系数 B 推广到各向异性介质中，该系数会变为一个对称的二阶张量。

Skempton 效应有如下两个特征：

(1) 全场在瞬时产生的孔隙压力与加载之前的孔隙压力之间会存在间断，即 $p(\boldsymbol{x}, t = 0^+) \neq p(\boldsymbol{x}, t = 0^-)$。这个间断正如同全场的应力与位移会发生突跳一样，是边界应力突然加载的结果，与孔隙流体渗流扩散需要时间并不矛盾。

(2) 瞬时全场所得到的孔隙压力只依赖于边界处瞬时所加的应力，而与边界的孔隙压力无关。这意味着孔隙压力场在加载后的一瞬间 ($t = 0^+$)

在空间上也是不连续的。在本例中表现为 $p(-b < z < b, t = 0^+) \neq p(z = \pm b, t = 0^+)$。这里空间上的不连续会在极短时间后在边界附近产生**边界层**，该现象将在 1.3.3 节中具体分析。

1.3.3　Mandel 效应

图 1.4 所示的 Mandel 问题在 1.3.2 节中只分析了加载后瞬间 $t = 0^+$ 的无渗状态，本节将继续分析该问题。作为一个例子，本节将给出采用了实际的岩石材料属性在特定加载下的计算结果，并由此解释 1.3.2 节和本节分别提出的 Skempton 效应和 Mandel 效应。本节的算例采用了 Ruhr 砂岩[10] 的材料属性：$G = 13\ \text{GPa}, \nu = 0.12, \nu_u = 0.31, \alpha = 0.65$，并设岩石渗透率 $k = 10^{-4}\text{md}$，流体黏性 $\mu = 10^{-3}\text{Pa} \cdot \text{s}$。在图 1.4 中所示的加载实验中，岩石样本的半宽度 $a = 0.1\text{m}$，加载力 $F = 10^6\text{N}$ (本书采用的单位：s (秒)，m (米)，N (牛顿)，Pa (帕)，md (毫达西))。

图 1.5 画出了孔隙压力的求解结果。图中只画出了孔隙压力随 x 的变化，这是因为实际上图 1.4 所示的 Mandel 问题的全场应力与孔隙压力解是与 z 无关的。图 1.5 中右侧 $(t = 0)$ 为瞬时的无渗状态解，随时间发展孔隙压力向左端状态演化。从图 1.5 中可见，在加载后瞬时

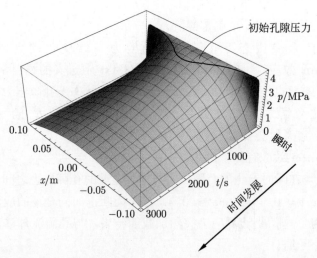

图 1.5　Mandel 问题的孔隙压力解 p 随时间 t 与空间 x 的变化 (后附彩图)

$(t=0)$ 的孔隙压力不随 x 变化，如 1.3.2 节所述。在本节给出的材料属性和加载条件下，该压力初值为 $p_0 = 3.65\,\mathrm{MPa}$。由于岩石的左右两端暴露在大气中，压力自由，因此流体会从两边渗出岩石，使全场压力下降。图 1.5 中还能看出当时间很短时，在 $x = \pm a$ 处确实出现了孔隙压力从初始值突降到边界给定的 $p = 0$ 的情况。当时间充分长之后，全场的孔隙压力都会趋于 $p = 0$ 的状态。图 1.6 中也分别选择了 $t = 0^+$，$t = 200\,\mathrm{s}, t = 2000\,\mathrm{s}, t = 4000\,\mathrm{s}$ 的四个状态画出了压力场的空间分布。

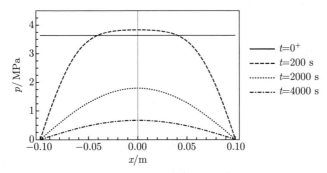

图 1.6　Mandel 问题的孔隙压力解在四个特定时刻下的空间分布

但图 1.5 中最引人注意的是，在靠近介质中心区域，孔隙压力会在一段时间内上升得比初值时还要高，之后再逐渐降低。粗实线画出了孔隙压力 p 回到其初值时对应的时刻和位置，该粗实线从图上切割出了靠近中央的一块小三角区域。该区域在图 1.6 中也可直接被观察到。在图 1.7 中画出了介质中心区域 $x = 0$ 处的孔隙压力随时间的变化，可更直接地看

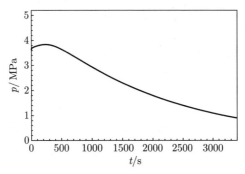

图 1.7　Mandel 问题中介质中心线 ($x = 0$ 处) 孔隙压力 p 随时间 t 的变化

到这一现象。该例中孔隙压力在一段时间后变得比加载初始时 Skempton 效应算得的孔隙压力还要高的现象，被称为"**Mandel 效应**"。受压岩石中心孔隙压力升高的现象也已被多组岩石实验所证实 [23-24]。与孔隙压力类似，全场应力 σ_{zz} 也有类似的先升高后降低的现象，这也是 Mandel 效应的一种。应注意不要将 Mandel 效应与 Skempton 效应造成的孔隙压力突跳产生的边界层效应搞混。

1.4 场方程

1.4.1 基本方程

在给出基本方程之前，先给出几个本节所用的约定。为方便读者理解，本节给出的方程都将分别使用张量记号和在笛卡儿坐标系中的分量记号表示。在分量表达式中，依然约定使用希腊字母的下标取值范围为 $\{1,2\}$，而使用拉丁字母的下标取值范围为 $\{1,2,3\}$。此外，如前文所述，同一项内两次重复的下标表示哑标求和记号，而不重复的下标表示有多个不同的方程。在部分项的下标中出现了逗号，如 $f_{1,2}$，约定逗号后的数字表示被求偏导数的方向，即

$$f_{1,2} = \frac{\partial f_1}{\partial x_2} \tag{1.88}$$

而重复的字母下标依然表示哑标求和，例如

$$f_{i,i} = \frac{\partial f_1}{\partial x_1} + \frac{\partial f_2}{\partial x_2} + \frac{\partial f_3}{\partial x_3} \tag{1.89}$$

式中，i 的取值范围如前文所述为 $\{1,2,3\}$。基于这些约定，可以给出如下的多孔弹性问题基本方程。

除本章之前所述的本构方程式 (1.9) 和式 (1.34) 之外，构建完备的力学问题还需要如下几个方程。

(1) 平衡方程

$$\begin{aligned} \nabla \cdot \boldsymbol{\sigma} + \boldsymbol{F} &= 0, \\ \sigma_{ij,j} + F_i &= 0 \end{aligned} \tag{1.90}$$

式中，$\boldsymbol{F}$ 为单位体积上 Biot 介质所受到的体力，即按照体积分数 $1 - \varphi_0$

与 φ_0 分别在固体骨架与孔隙流体两部分按照体积加权平均后得到的体力；梯度算子 $\nabla = e_1\partial/\partial x_1 + e_2\partial/\partial x_2 + e_3\partial/\partial x_3$，其中 e_i 是沿笛卡儿坐标 x_i 方向的单位矢量。

这里提出一个问题：既然 Biot 介质与胡克弹性介质相比较，除了应力 $\boldsymbol{\sigma}$ 之外，增加了一个应力型变量——孔隙压力 p，在平衡方程式 (1.90) 中为什么只出现应力 $\boldsymbol{\sigma}$，而不出现孔隙压力 p 呢？这是因为 Biot 介质中的应力 $\boldsymbol{\sigma}$（在第 3 章中以记号 $\bar{\sigma}$ 表示）是包括固体骨架与连通的孔隙流体在内的整个 Biot 介质在平均意义下的应力 (见式 (3.2))。因此 Cheng[18] 称 $\boldsymbol{\sigma}$ 为"全应力张量" (total stress tensor)，还给出了按体积分数 $1-\varphi_0$ 与 φ_0 的加权平均值 (文献 [18]，式 (25))：

$$\sigma_{ij} = (1 - \varphi_0)\,\sigma_{ij}^s - \varphi_0\delta_{ij}p$$

Thompson 与 Willis[8] 称 $\boldsymbol{\sigma}$ 为"**平均应力张量**" (**average stress increment**)，同时还给出了通过微元 (也包括固体骨架与连通的孔隙在内) 表面应力表示的式 (3.2)。因此 Biot 介质的应力是固体骨架和孔隙流体两个组分共同的贡献。所以可以认为平衡方程式 (1.90) 已经考虑了孔隙压力 p。那么 Biot 本构方程比弹性胡克定律多考虑了什么呢？应该说多考虑的是流体在连通孔隙中的输运，研究了介质在应力与应变发生变化的同时连通孔隙中流体输运的规律。不难理解，这两个过程一般来说是互相耦合的一个问题，而不是像有些文献 (甚至教科书) 假设的那样，可以先求解流体的输运，然后求解应力与应变。

(2) 几何方程

$$\boldsymbol{\varepsilon} = \frac{1}{2}(\nabla\boldsymbol{u} + \boldsymbol{u}\nabla),$$
$$\varepsilon_{ij} = \frac{1}{2}(u_{i,j} + u_{j,i}) \tag{1.91}$$

这里也提出一个问题：几何方程式 (1.91) 中的位移 $\boldsymbol{u}$ 究竟是指固体骨架 Ω_s 中的点位移，还是指充满流体的连通孔隙部分 Ω_p 中的点位移？其实 Biot 介质是把材料平均化后的模型，在用 Biot 的多孔弹性本构关系分析实际问题时已经不需要知道孔隙的位置和分布，只涉及一个孔隙比 φ_0，而且 φ_0 还被包裹在一个材料常数 C_{CH} 中 (见式 (3.27))。只要求孔隙充分密布，便可进行平均化处理。

除上述两个在固体力学中常见的基本方程之外，由于多孔材料中涉及孔隙流体的流动，还需要补充下面两个与孔隙流体相关的基本方程。

(3) 流体质量守恒

$$\frac{\partial \zeta}{\partial t} + \nabla \cdot \boldsymbol{q} = \gamma,$$
$$\frac{\partial \zeta}{\partial t} + q_{i,i} = \gamma \tag{1.92}$$

式中，γ 为单位体积中流体的体积源项[①]，$\boldsymbol{q}$ 为流体的渗流速度。

(4) 达西定律

$$\boldsymbol{q} = -\kappa \left(\nabla p - \boldsymbol{f} \right),$$
$$q_i = -\kappa \left(p_{,i} - f_i \right) \tag{1.93}$$

达西定律规定 $\boldsymbol{q}$ 与孔隙流体受到负压力梯度 $(-\nabla p)$ 和单位体积上流体受到的体力 $\boldsymbol{f}$ 之和成正比的关系，这是一个实验观察结论。式 (1.93) 中 $\kappa = k/\mu$ 表示孔隙流体的渗透系数或渗透率，其中 k 为材料的固有渗透率，μ 为孔隙流体的动力黏性系数。k 的单位可取 m^2，μ 的单位一般为 $\mathrm{Pa \cdot s}$ 或 $\mathrm{N \cdot s/m}^2$，因此 κ 的单位为 $\mathrm{m}^4/(\mathrm{N \cdot s})$。

对于各向异性的多孔弹性材料来说，渗透率 κ 可能是各向异性的，这里为方便起见一并给出表达式。此时可用二阶张量 $\boldsymbol{\kappa}$ 表示该渗透率，而用

$$\boldsymbol{q} = -\boldsymbol{\kappa} \cdot \left(\nabla p - \boldsymbol{f} \right),$$
$$q_i = -\kappa_{ij} \left(p_{,j} - f_j \right) \tag{1.94}$$

表示压力梯度与渗流速度的关系。

由本节所述方程式 (1.90)~式 (1.93) 和 1.1 节中的本构方程式 (1.9) 和式 (1.34) 即可构建闭合的方程组求解。除了方程组之外，还需要提供

---

① 在小变形、小位移的线性理论中，单位体积和体积源都按照初始体积计算。这意味着式 (1.90)、式 (1.92) 和式 (1.93) 中定义的 $\boldsymbol{F}, \gamma, \boldsymbol{f}$ 等物理量都是针对变形前的单位体积而言的。变形后与变形前这几个物理量将相差高阶小量。在线性理论中，应力 (除以应力量纲的材料常数) 与应变均被视为一阶小量。

合适的边界条件。传统的固体力学问题要求在所有边界上不重不漏地提供位移边界 u 或边界力 $\sigma \cdot n$(n 表示边界曲线的单位法向矢量)。而多孔弹性问题除了求解应力场 (位移场) 之外，还需要求解孔隙压力场 (孔隙流体流场)，因此在所有边界上还需要不重不漏地提供有关孔隙压力边界值 p 或沿边界法线方向压力梯度 $\partial p/\partial n$(与法向渗流速度 q_n 有关) 的边界条件。

1.4.2　各向同性本构模型中的场方程

Lamé-Navier 方程

在各向同性多孔弹性的变形问题中，有两组不同的场方程[7,10,25]。第一组针对位移场 u 和孔隙压力场 p 列出。通过将式 (1.17) 和式 (1.91) 代入式 (1.90)，可得到由位移 u 和孔隙压力 p 表示的 Lamé-Navier 方程 (LN 方程)：

$$Gu_{i,jj} + \frac{G}{1-2\nu}u_{j,ji} = \alpha p_{,i} - F_i \tag{1.95}$$

将 p 由式 (1.42) 代入式 (1.95)，可得到由 u 和 ζ 所表示的 LN 方程：

$$Gu_{i,jj} + \frac{G}{1-2\nu_u}u_{j,ji} = \alpha M_{\text{CH}}\zeta_{,i} - F_i \tag{1.96}$$

其中用到了式 (1.60) 和

$$\frac{G}{1-2\nu} - K = \frac{G}{3} = \frac{G}{1-2\nu_u} - K_u \tag{1.97}$$

由于 LN 方程以位移作为基本自变量之一，平面应变问题中的 LN 方程可以从式 (1.95) 和式 (1.96) 中直接导出，只需将与 x_3 方向的量略去即可。因而可以得到

$$G\nabla^2 u_\beta + \frac{G}{1-2\nu}u_{\gamma,\gamma\beta} = \alpha p_{,\beta} - F_\beta \tag{1.98}$$

$$G\nabla^2 u_\beta + \frac{G}{1-2\nu_u}u_{\gamma,\gamma\beta} = \alpha M_{\text{CH}}\zeta_{,\beta} - F_\beta \tag{1.99}$$

式中，下标还是按照约定：拉丁字母取值范围为 $\{1,2,3\}$，希腊字母范围为 $\{1,2\}$。对三维问题 $\nabla^2(\ ) = (\ )_{,ii}$；对二维问题 $\nabla^2(\ ) = (\ )_{,\alpha\alpha}$。

Beltrami-Michell 协调方程

协调方程是弹性问题中的一组基本方程组，它们基于位移场 u_i 的单值性条件共同约束了应变场 ε_{ij}：

$$\varepsilon_{ij,kl} + \varepsilon_{kl,ij} - \varepsilon_{ik,jl} - \varepsilon_{jl,ik} = 0 \tag{1.100}$$

协调方程中 $\{i,j,k,l\}$ 四个下标的取值范围都在 $\{1,2,3\}$，但是代入后会发现得到的方程组只有六个是独立的。将本构方程式 (1.16) 和平衡方程式 (1.90) 代入协调方程式 (1.100)，即可得到 Beltrami-Michell 协调方程 (BM 协调方程)：

$$\sigma_{ij,kk} + \frac{1}{1+\nu}\sigma_{kk,ij} + 2\eta\left(p_{,kk}\delta_{ij} + \frac{1-\nu}{1+\nu}p_{,ij}\right) = -\frac{\nu}{1-\nu}\delta_{ij}F_{k,k} - (F_{i,j} + F_{j,i}) \tag{1.101}$$

式中，η 为多孔弹性应力系数，定义在式 (1.62) 给出。BM 协调方程适合于以应力 σ_{ij} 和孔隙压力 p 为基本未知数求解的应力解法。该方法在本书中将从略介绍。

由 BM 协调方程可以得到很多有用的恒等式。在式 (1.101) 的左、右两侧同时乘以 δ_{ij}，可以化简得到

$$\nabla^2(\sigma_{kk} + 4\eta p) = -\frac{1+\nu}{1-\nu}F_{k,k} \tag{1.102}$$

在平面应变问题中，将式 (1.66) 代入式 (1.102) 中，可以得到

$$\nabla^2(\sigma_{\beta\beta} + 2\eta p) = -\frac{1}{1-\nu}F_{\beta,\beta} \tag{1.103}$$

在式 (1.102) 和式 (1.103) 的帮助下，可以进一步得到 $\nabla^2\zeta$ 和 $\nabla^2 p$ 之间的关系。

在式 (1.40) 左、右两侧加上调和运算 ∇^2，利用式 (1.102) 消去 σ_{kk} 可得

$$\nabla^2(\zeta - Sp) = -\frac{\alpha(1+\nu)}{3K(1-\nu)}F_{k,k} = -\frac{\eta}{G}F_{k,k} \tag{1.104}$$

式中，S 为一个多孔弹性材料常数，也被称作"存储系数"，它表征单轴应变变形中，材料受到与轴方向一致的轴向应力边界条件的响应，在各

向同性弹性材料中定义为

$$S = C_{\mathrm{CH}} - \frac{4\alpha\eta}{3K} = \frac{1}{M_{\mathrm{CH}}} + \frac{\alpha\eta}{G} = \frac{(1-\nu_u)(1-2\nu)}{M_{\mathrm{CH}}(1-\nu)(1-2\nu_u)} \tag{1.105}$$

扩散方程

将式 (1.93) 代入式 (1.92)，可得到整理后的扩散方程：

$$\begin{aligned}
&\frac{\partial \zeta}{\partial t} - \kappa\nabla^2 p + \kappa\nabla \cdot \boldsymbol{f} = \gamma, \\
&\frac{\partial \zeta}{\partial t} - \kappa p_{,ii} + \kappa f_{i,i} = \gamma
\end{aligned} \tag{1.106}$$

式中同时包含了孔隙流体的两个物理量 p 和 ζ，为了方便直接使用，还需要仅包含 p 或仅包含 ζ 的方程。

将由 BM 协调方程导出的式 (1.104) 与式 (1.106) 消去 $\nabla^2 p$，可得到仅由 ζ 构成的扩散方程：

$$\begin{aligned}
&\frac{\partial \zeta}{\partial t} - c\nabla^2\zeta = \frac{\eta c}{G}\nabla \cdot \boldsymbol{F} + \gamma - \kappa\nabla \cdot \boldsymbol{f}, \\
&\frac{\partial \zeta}{\partial t} - c\zeta_{,ii} = \frac{\eta c}{G}F_{i,i} + \gamma - \kappa f_{i,i}
\end{aligned} \tag{1.107}$$

式中，c 定义为

$$c = \frac{\kappa}{S} \tag{1.108}$$

表征该多孔材料的扩散系数，S 的定义见式 (1.105)。

另一方面，只与 p 有关的扩散方程可以由本构方程式 (1.42) 将 ζ 代入式 (1.106) 获得：

$$\begin{aligned}
&\frac{\partial p}{\partial t} - \kappa M_{\mathrm{CH}}\nabla^2 p = -\alpha M_{\mathrm{CH}}\frac{\partial \varepsilon}{\partial t} + M_{\mathrm{CH}}(\gamma - \kappa\nabla \cdot \boldsymbol{f}), \\
&\frac{\partial p}{\partial t} - \kappa M_{\mathrm{CH}}p_{,ii} = -\alpha M_{\mathrm{CH}}\frac{\partial \varepsilon}{\partial t} + M_{\mathrm{CH}}(\gamma - \kappa f_{i,i})
\end{aligned} \tag{1.109}$$

式中，$\varepsilon = \varepsilon_{ii} = \varepsilon_{11} + \varepsilon_{22} + \varepsilon_{33}$ 表示体积应变。

扩散方程式 (1.107) 和式 (1.109) 都是针对三维情况的，在平面应变问题中，它们可以被直接化简：所有对于 x_3 方向的偏导数化为零即可。

可见，仅含有 ζ 的扩散方程式 (1.107) 虽然不与其他物理场耦合，但由于一般难以给定该方程全部的边界条件故应用较少。另一方面，基于 p 的扩散方程式 (1.109) 与应变场 ε 耦合，而这也是处理多孔弹性问题时的难点之一：双向耦合。

最终，LN 方程式 (1.95) 与扩散方程式 (1.109) 构成了一组以 $\{u, p\}$ 描述的完备的场方程。而 LN 方程式 (1.96) 与扩散方程式 (1.107) 也构成了另一组以 $\{u, \zeta\}$ 描述的完备的场方程。求解问题时可任选其中一组方便地进行分析。

扩散方程的解耦

要特别指出的是，在某些特殊情况下，平面应变问题中关于 p 的扩散方程式 (1.109) 可以被解耦。这里将给出解耦的过程，并讨论解耦所需的条件。首先，将式 (1.71) 代入式 (1.106)，并注意到 S 和 c 的定义式 (1.105) 和式 (1.108)，可以得到下述耦合了 $\boldsymbol{\sigma}$ 和 p 的扩散方程 (二维问题)：①

$$\frac{\partial p}{\partial t} - c\nabla^2 p = -\frac{\alpha(1-2\nu)}{2GS}\frac{\partial}{\partial t}(\sigma_{11} + \sigma_{22} + 2\eta p) - c\nabla \cdot \boldsymbol{f} + \frac{1}{S}\gamma \qquad (1.110)$$

为处理上述的应力耦合项，考查下面的特殊情况：若 Biot 介质中没有体力 ($\boldsymbol{F} = 0$)，待处理的问题是求解域 $r \geqslant a$ 的轴对称问题。这也是本书中想要处理的井眼问题所对应的特殊情况。由平面应变中的 BM 协调方程式 (1.103) 有

$$\nabla^2(\sigma_{11} + \sigma_{22} + 2\eta p) = 0, \quad r \geqslant a \qquad (1.111)$$

另一方面，轴对称平面问题中，所有变量只与 r 和 t 相关，而与 θ 无关，因此有

$$\nabla^2 = \frac{\partial^2}{\partial r^2} + \frac{1}{r}\frac{\partial}{\partial r} \qquad (1.112)$$

将式 (1.112) 代入式 (1.111)，可求解得

$$\sigma_{11}(r,t) + \sigma_{22}(r,t) + 2\eta p(r,t) = C(t) + D(t)\ln\frac{r}{a} \qquad (1.113)$$

式中，$C(t)$ 和 $D(t)$ 是只与 t 相关、与 r 无关的未知函数。

---

① 式 (1.110) 就是文献 [10] 的 (92) 式，但在原文献中该式右端第一项缺少一个 $(1-\nu)$ 因子。

进一步地，如果假设问题的求解域可以扩展到无穷远，则应当有

$$\sigma_{11}(r,t) + \sigma_{22}(r,t) + 2\eta p(r,t) \to 0, \quad \text{当 } r \to \infty \tag{1.114}$$

此时应有 $C(t) = D(t) = 0$。因此，式 (1.113) 变为

$$\sigma_{11}(r,t) + \sigma_{22}(r,t) + 2\eta p(r,t) = 0 \tag{1.115}$$

在将式 (1.115) 代入式 (1.110) 后，可得到解耦后的仅与 p 有关的扩散方程：

$$c\left[\frac{\partial^2 p}{\partial r^2} + \frac{1}{r}\frac{\partial p}{\partial r}\right] = \frac{\partial p}{\partial t} \tag{1.116}$$

应当注意，该方程只适用于无穷大域中的轴对称问题，且不含体力 $\boldsymbol{f}$，$\boldsymbol{F}$ 与流体源项 γ。由于该方程只含流体孔隙压力项，在给定了完整的孔隙流体边界之后即可独立求解，大大降低了耦合求解的难度。

对于各向同性多孔弹性轴对称平面应变问题，当求解域为无穷大 $(a \leqslant r < \infty)$ 时，Rice 与 Cleary[7] 和 Detournay 与 Cheng[10] 也都曾推导出如式 (1.116) 所示的关于 p 的扩散方程可以被解耦的结论。需要指出的是，Rice 与 Cleary[7] 通过将 Muskhelishvili[26] 使用的复函数势方法推广到多孔弹性本构模型中，发现对于轴对称平面问题，式 (1.113) 中的 $D(t)$ 项即便是在有限大小的域中也会消失。Detournay 与 Cheng[10] 对于无旋位移场问题 (即 $\nabla \times \boldsymbol{u} = 0$) 有一个类似的结论。

第 2 章　各向同性多孔弹性介质中的井眼安全校核

2.1　井眼安全校核问题简介

地下钻井是石油工程中十分关键的一环，而钻井液的运用是现代钻井过程中必不可少的。粗略地讲，钻井过程有如下步骤：使用钻头在地下钻出圆形孔洞；钻杆连接地面和井底的钻头，并一直输运钻井液到钻头处；钻井液从钻头喷出后，将带走钻头所钻下的岩屑和钻头产生的热量，并通过钻杆和岩石之间的空隙返回地面，如图 2.1 所示。上述过程都是同步进行的，当完成一段距离的钻进之后，通过一系列工程步骤在裸露的岩石壁面上使用水泥固化出一层水泥层，加固此段井壁。井底的钻井液压力可由钻井液密度控制，而钻井液由于密度过大显得十分黏稠，往往被现场工程师称作"泥浆"。

可见，在整个钻井过程中，高压的钻井液都是直接接触岩石壁面的。钻井液压力如此之高的原因在于，除了要带走碎屑之外，还有另一个重要作用：稳定钻井井壁。实际上，由于地层的压实作用，地下岩石内往往在三个主方向上都有着极高的压应力 (一般在几十兆帕量级)。而钻井过程是在这样的有初始地应力的岩石中突然挖出一个孔洞，可以想见，如果孔洞内没有压力支撑，则井壁岩石将会立刻垮塌。因而钻井液的密度也需要仔细小心地控制：一方面，如果钻井液压力过低，(一般来说) 会发生如上所述的井壁垮塌事故，即剪切破坏，如图 2.2 (c) 所示；另一方面，如果钻井液压力过高，井壁往往会产生裂纹，导致钻井液漏失到地层中，即发生拉伸破坏，如图 2.2 (a) 与 (b) 所示。

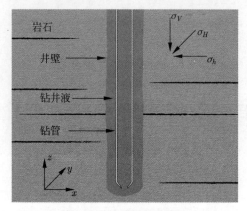

图 2.1　钻井过程示意图

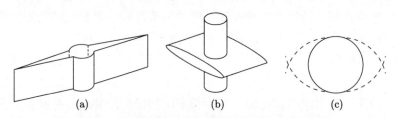

图 2.2　钻井中常见的拉伸破坏与剪切破坏示意图

(a) 竖直截面拉伸破坏；(b) 水平截面拉伸破坏；(c) 剪切破坏

　　在现有的工程实践中，石油工程师们已经意识到了岩石中存在着初始孔隙压力。但他们直接假设该孔隙压力是一个类似地应力一样的地质状态常数，并不会因为钻井而改变。基于这个假设和平面应变假设，工程师们可以直接使用弹性力学中传统的无穷大平面中孔洞受加载后的解，将问题分解为地应力解、井壁内加载荷的 Lamé 解和释放井壁地应力解的三者的叠加[15]，并在求得全场应力解之后，将孔隙压力乘以一个有效系数 (往往不恰当地选取 Biot 有效应力系数 α，见式 (1.14) 和式 (1.15)，也见 2.3.1 节关于 Biot 有效应力和 Terzaghi 等效应力的讨论) 叠加到应力解中，进而得到修正后的应力解，并使用这个应力解做安全校核。这个方案在经典的石油工程教科书中也有出现[13]。上述步骤分析过程中有两个地方待商榷：

(1) 该方案相当于将孔隙压力场和应力场解耦求解，即先求得孔隙压力场 (为恒定的常数场)，再求解应力场；

(2) 该方案求得的解与时间无关，没有涉及多孔弹性本构中本身存在的时间相关现象。该方案可被称作 "使用了 **Biot 有效应力** 的井眼安全校核方案"，而非 "基于 Biot 多孔弹性本构模型的安全校核方案"。

Haimson 与 Fairhurst [27] 使用经典的弹性本构模型分析了该井眼安全问题。他们通过在 Terzaghi 等效应力[28] 的基础上引入额外假设的虚拟比例系数，得到了一个竖直截面拉伸破坏的破裂压力解，该结果没有考虑时间效应。

Rice 与 Cleary [7] 除了构建各向同性多孔弹性本构模型之外，也将无穷大平面内含圆形孔洞的问题作为了典型算例。该算例得到的结果也可以用来分析井眼破坏问题。但是该算例没有考虑无穷远处的地应力，且受到他们分析方案 (基于 Muskhelishvili 的复应力函数法) 的限制，只能分析轴对称问题，即需要假设水平面内两个垂直方向的地应力大小相等。他们也只考虑了竖直截面拉伸破坏的情况，并发现在此情况下得到的解，当时间趋于无穷大时，与上段所述经典的 Haimson-Fairhurst 解一致。

Detournay 与 Cheng [29] 在各向同性多孔弹性本构模型中分析了该问题。他们通过拆分该平面应变问题，将原问题转化为三个待求解模式的叠加，并基于拉普拉斯变换方法求得了各模式在拉普拉斯频域空间中的解。受限于求解后频域空间中出现的贝塞尔函数，他们无法找到时域下的解析解，因而只能采用拉普拉斯逆变换的数值方法进行后续分析。他们使用莫尔库仑准则分析了井壁剪切破坏导致垮塌的一种情况 $(\sigma_{rr} \geqslant \sigma_{zz} \geqslant \sigma_{\theta\theta})$，并判断此时破坏可能发生在井壁内部而非井壁边界上。对于拉伸破坏问题，Detournay 与 Cheng [29] 同样在时间趋于无穷大时得到了经典的 Haimson-Fairhurst 解。

Cui 等人[30] 考察了倾斜井眼在各向同性多孔弹性本构模型中的临界破坏压力。他们的工作基于 Detournay 与 Cheng [29] 的竖直井眼结果，并证实了在多孔弹性本构模型中，倾斜的井眼相对于竖直井眼只带来了额外的一个需要被分拆出来考虑的剪切地应力载荷模式。他们进一步证明了在该分解出来的剪切载荷模式中,孔隙压力与应力得到的解都与时间无关。在此基础上,他们对分析结果进行了拉普拉斯数值逆变换,并校核了与 Detournay 和 Cheng [29] 相似的剪切破坏情况 ($\sigma_{rr} \geqslant \sigma_{zz} \geqslant \sigma_{\theta\theta}$)。

Fjaer 等人[13] 对于各向同性岩石介质,先给出了在不考虑孔隙压力的经典弹性本构模型得到的在各种拉伸与剪切破坏情况下的临界载荷,并试图以此为基础分析多孔弹性本构下的结果。他们通过引入孔隙压力不随时间和空间变化这个假设,解耦了方程,简化了问题的求解。如此得到的解不巧也正是目前石油工程中常用的解决方案。在这种简化模型下,他们相当于使用了 Biot 等效应力而非 Biot 本构模型分析了该问题,得到了与时间无关的井眼问题解,并利用莫尔库仑准则分析了当应力状态满足 $\sigma_{rr} \geqslant \sigma_{zz} \geqslant \sigma_{\theta\theta}$ 或 $\sigma_{rr} \geqslant \sigma_{\theta\theta} \geqslant \sigma_{zz}$ 时的井壁破坏临界压力。

本章将在材料为各向同性的假设之下,使用第 1 章中所述的多孔弹性本构模型分析该井眼校核问题,并使用不同的拉伸破坏与剪切破坏准则对求得的应力解校核安全范围,进而对比使用多孔弹性本构和经典弹性本构 (广义胡克定律) 得到的井眼工作压力范围的区别,由此评判广义胡克定律是否在井眼安全校核中适用。

如非特殊说明,本章对于应力 σ 和应变 ϵ 采用 "拉为正,压为负" 的定义,即大于零表示拉应力,小于零表示压应力;但对于孔隙压力 p 则选择 "压为正,拉为负" 的定义。

2.2 井眼校核问题的力学描述

在地下岩石中存在均匀的地应力 (in-situ stresses) 分布。地应力可以被分解为三个主应力:$\{\sigma_H, \sigma_h, \sigma_v\}$,它们都按地质界的习惯以正号表示压应力,以负号表示拉应力。其中 σ_v 是沿着竖直方向的地应力,即主应力的分解结果中,有一个主应力是沿着竖直方向的。σ_H 和 σ_h 分别表示水平方向的两个主应力,其中 $\sigma_H > \sigma_h$。为方便后续处理,可以将这两个水平方向的应力 σ_H 和 σ_h 替换为平均应力 P_0 和偏斜应力 S_0,即

$$P_0 = \frac{\sigma_H + \sigma_h}{2}, \quad S_0 = \frac{\sigma_H - \sigma_h}{2} \tag{2.1}$$

因而有 $S_0 > 0$。

由于主应力方向总是正交的，本章将采用如下方式布置坐标轴：令竖直方向为 z 轴，这也是地应力 σ_V 的方向；取 x 轴为 σ_h 方向，y 轴为 σ_H 方向，也如图 2.1所示。

因而在未钻井之前，初始的地应力和孔隙压力可被表达为

$$\begin{cases} \sigma_{xx} = -\sigma_h = -(P_0 - S_0) \\ \sigma_{yy} = -\sigma_H = -(P_0 + S_0) \\ \sigma_{xy} = 0 \\ \quad p = p_0 \\ \sigma_{zz} = -\sigma_V \end{cases} \tag{2.2}$$

假想此时 $(t = 0^+)$ 突然在地下钻出一个半径为 a 的竖直井眼。与此同时，钻井液以压力 p_w 进入井眼并作用在井壁上。钻井液压力将会以两种方式影响井壁：① 井壁边界法向应力 p_w；② 井壁边界孔隙压力 p_i。这里 p_w 与 p_i 的区别来自于井壁和钻井液之间的滤饼效应[31]。滤饼效应指由于钻井液内杂质在井壁表面堆积，而使得井壁处孔隙压力小于滤饼表面孔隙压力的现象。

因而钻井时，可选取某一井眼横截面为特征平面，选择井眼圆心为坐标轴原点 O。可以在此平面上构造极坐标系，其中选择 $\theta = 0$ 方向为 x 轴正向。圆柱坐标系也可以由这个极坐标系和 z 轴构造。因此，在极坐标系下井壁边界 $r = a$ 上的边界条件可被写为 (注意：边界条件不指定环向应力 $\sigma_{\theta\theta}$，$\sigma_{\theta\theta}$ 是求解结果)

$$\begin{cases} \sigma_{rr}\big|_{r=a} = -p_w \\ \sigma_{r\theta}\big|_{r=a} = 0 \\ p\big|_{r=a} = p_i \end{cases} \tag{2.3}$$

与此同时，在 $r \to \infty$ 处的应力和孔隙压力边界还保持在式 (2.2)。应当注意式 (2.3) 的边界条件是在 $t = 0^+$ 时刻突然加载上去的。

图 2.3 是井眼截面上的示意图，展示了地应力条件 (式 (2.2)) 和井壁载荷 (式 (2.3))。需注意初始竖直方向地应力 σ_V 没有在图 2.3 上画出。

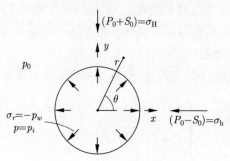

图 2.3 井眼横截面示意图

在 ASME 的授权下再出版，摘自 GAO Y, LIU Z, ZHUANG Z, GAO D & HWANG K -C. Cylindrical borehole failure in a transversely isotropic poroelastic medium[J]. Journal of Applied Mechanics,2017, 84(11): 111008. 授权通过 Copyright Clearance Center, Inc 发送。

基于这里给出的初始条件 (式 (2.2)) 和井壁边界条件 (式 (2.3))，本章跟随 Rice 与 Cleary [7] 和 Detournay 与 Cheng [29] 的思路，由于井眼极深，将该井眼问题简化为平面应变问题求解。本章将使用多孔弹性本构模型分析得到全场的应力分布和孔隙压力分布随时间变化的过程，进而通过合适的校核准则判断给定工作压力下井壁是否发生破坏，并针对具体问题给出实际可用的井壁工作压力范围。

2.3 强度准则

在 2.4 节中将给出基于多孔弹性本构的应力场和孔隙压力场的解。在得到了这些物理场之后，需要有合适的强度准则以判断井壁是否会发生破坏。

本节先行简述拉伸和剪切破坏中会用到的强度准则，之后的 2.5 节会将其应用在各向同性井眼问题中，得到对应的井壁破坏临界条件。

2.3.1 Terzaghi 等效应力

力学中常见的强度准则都是在应力空间中建立的，而对于多孔弹性本构模型，应力一侧则会同时存在应力场和孔隙压力场两个物理量。土力学家和岩石力学家有一经典的 **Terzaghi 等效应力**方案能将这两个场糅合起来，并将构造得到的等效应力再应用到安全准则条件里，这样就推广了经典破坏条件的适用范围。

Terzaghi 等效应力张量 (Terzaghi effective stress) 定义为应力张量 σ_{ij} 和孔隙压力球量 $p\delta_{ij}$ 的差：

$$\sigma'_{ij} = \sigma_{ij} - \left(-p\delta_{ij}\right) = \sigma_{ij} + p\delta_{ij} \tag{2.4}$$

可见 Terzaghi 等效应力 σ'_{ij} 的剪应力部分和原应力张量相同，只是在正应力部分叠加了球形张量 $p\delta_{ij}$。在本章余下的内容中，带有撇号 "′" 的应力张量或应力分量都表示与之对应的 Terzaghi 等效应力。

应当注意的是，如同 Cheng [12] 在关于多孔弹性专著中的 1.2.5 节指出的，在失效分析中很多人错误地使用了 Biot 有效应力，即将式 (1.14) 作为构造出的等效应力代入到传统安全准则中进行校核。本书作者认为使用 Terzaghi 等效应力在安全校核中是正确的，这也和 Fjaer 等人 [13] 在 2.6.1 节的式 (2.4.9)，Jaeger 等人 [32] 在 4.7 节中的式 (4.29) 和式 (4.30)，以及一些经典文献 [7,10] 中的方案一致。Biot 有效应力只是在本构分析中的一种简化方程的手段，并不适合做安全校核。

2.3.2　拉伸破坏准则

在岩石的拉伸破坏问题中，最常使用的是最大拉应力准则 (maximum tensile stress criterion)。最大拉应力准则假设岩石中存在拉伸极限强度 T，并认为当 Terzaghi 等效应力中最大拉应力超过拉伸极限强度时，拉伸破坏就会发生。也就是说，井眼安全当且仅当应力和孔隙压力满足

$$\sigma_1 + p < T \tag{2.5}$$

式中，σ_1 是应力张量 $\boldsymbol{\sigma}$ 的最大主应力。当拉伸破坏发生时，井壁会表现出裂纹萌生以致开裂，造成钻井液渗入地层无法回流，影响钻井过程。

对于拉伸破坏，有两种可能发生的模式：① 破坏发生在过井眼中心轴线的竖直平面上；② 破坏发生在与井眼轴线垂直的水平截面上。这两种破坏模式可能有不同的拉伸极限强度，分别用 T_{V} 和 T_{H} 表示。其中下标 V 表示竖直截面 (vertical section)，下标 H 表示水平截面 (horizontal section)。对于各向同性材料，T_{V} 和 T_{H} 可能相同。

对于竖直截面拉伸破坏，显然需要得到 $\sigma_{\alpha\beta}(r,\theta) + p(r,\theta)$ 在水平平面

内的最大值。本章将在 2.5 节中证明，在各向同性本构中的井眼问题中，最大值都出现在 $\theta = \pi/2,\ 3\pi/2$ 并靠近井壁处①，且应力分量总是环向应力 $\sigma_{\theta\theta}$ 方向。这与直观认知也是相符的：拉伸破坏自然应该出现在与 σ_h 方向垂直的井壁上。因此竖直截面拉伸破坏准则的安全区式 (2.5) 可写为

$$\sigma_{\theta\theta}\Big|_{\theta=\frac{\pi}{2}} + p < T_{\mathrm{V}} \tag{2.6}$$

对于水平截面拉伸破坏，需要考虑 $\sigma_{zz}(r,\theta) + p(r,\theta)$ 的值。此时也可证明拉伸破坏位置都出现在 $\theta = \pi/2,\ 3\pi/2$，且安全准则可写为

$$\sigma_{zz}\Big|_{\theta=\frac{\pi}{2}} + p < T_{\mathrm{H}} \tag{2.7}$$

2.3.3　剪切破坏准则

莫尔库仑准则 (Mohr-Coulomb criterion) 是剪切破坏分析中的常用准则。在岩石力学中，一般莫尔库仑准则总是在压应力为正、拉应力为负的应力空间中讨论的，但本章为了保持前后一致，除地应力记号 $\{\sigma_{\mathrm{H}}, \sigma_{\mathrm{h}}, \sigma_{\mathrm{V}}\}$ 之外，其他应力依然采用拉为正、压为负的记法。莫尔库仑准则是指，如果岩石内任意截面方向上法向应力和切向应力满足

$$S_0 - \mu\sigma'_n < \tau \tag{2.8}$$

就认为此时岩石将会发生剪切破坏。式 (2.8) 中 σ'_n 表示 Terzaghi 等效应力的法向应力；τ 为对应截面上切向应力最大值；S_0 和 μ 分别为剪切强度和内摩擦系数，是准则定义的材料常数。但当剪切破坏发生时，井壁岩石将向井眼内部剥落。随着剥落的进程，井壁将无法保持圆形并可能进一步严重变形，造成卡钻事故。

莫尔库仑准则可通过最大和最小主应力表达为[32]

$$-\sigma'_3 < C_0 - \sigma'_1 \tan^2\beta \tag{2.9}$$

式中，$C_0 = 2S_0\tan\beta$ 为单轴压缩强度，$\beta = \pi/4 + \varphi/2$ 且有 $\varphi = \arctan\mu$ 为内摩擦角。σ_1 和 σ_3 分别为最大和最小主应力。由于本书定义拉应力

---

① 从 2.4 节中将看出，该问题的应力场在 $\theta = \pi/2$ 与 $\theta = 3\pi/2$ 是一样的，校核任意一处即可。因此在式 (2.6) 和式 (2.7) 的下标中只写了 $\theta = \pi/2$ 的记号。

为正，而岩石中往往主应力都是压缩的，因此一般来说会有 $|\sigma_1| < |\sigma_3|$。式 (2.9) 中含有撇号 "$\prime$" 的应力记号都表示 Terzaghi 等效应力，见式 (2.4)。

在井壁边界上，由于 $\sigma_{r\theta} = 0$，三个主应力总是 $\sigma_{rr}, \sigma_{\theta\theta}, \sigma_{zz}$。因而对于主应力的选择，存在六种不同的排序可能：

a. $\sigma_{rr} \geqslant \sigma_{zz} \geqslant \sigma_{\theta\theta}$；

b. $\sigma_{rr} \geqslant \sigma_{\theta\theta} \geqslant \sigma_{zz}$；

c. $\sigma_{\theta\theta} \geqslant \sigma_{rr} \geqslant \sigma_{zz}$；

d. $\sigma_{\theta\theta} \geqslant \sigma_{zz} \geqslant \sigma_{rr}$；

e. $\sigma_{zz} \geqslant \sigma_{\theta\theta} \geqslant \sigma_{rr}$；

f. $\sigma_{zz} \geqslant \sigma_{rr} \geqslant \sigma_{\theta\theta}$。

本章将分别对这六种可能的排序进行讨论。

2.4　问题求解

本节将针对此平面应变问题基于各向同性本构模型给出分析结果。

2.4.1　载荷分解

显然，该问题的应力场可由两部分构成：(a) 在钻井之前一直存在的初值地应力场和孔隙压力场，由式 (2.2) 给出；(b) 在 $t = 0^+$ 时突然在井壁按式 (2.3) 加载所得到的时间相关的应力场。

对于 (a) 部分的初始应力场式 (2.2)，可将其在柱坐标系下重写为

$$\begin{cases} \sigma_{rr} = -\,(P_0 - S_0 \cos 2\theta) \\ \sigma_{\theta\theta} = -\,(P_0 + S_0 \cos 2\theta) \\ \sigma_{r\theta} = -S_0 \sin 2\theta \\ p = p_0 \\ \sigma_{zz} = -\sigma_V \end{cases} \qquad (2.10)$$

另一方面，对于 (b) 部分，实际上是在井壁边界上，先反向叠加上初始地应力式 $(2.10)_{1,3,4}$，再补上对应所需的载荷 (式 (2.3))。基于这个思

路，可以将 (b) 部分的载荷分为三个模式，求解每个模式所需的应力边界条件如下：

模式 1 (Mode 1)：轴对称应力加载

$$\begin{cases} \left.\sigma_{rr}^{(1)}\right|_{r=a} = P_0 - p_w \\[2mm] \left.\sigma_{r\theta}^{(1)}\right|_{r=a} = 0 \\[2mm] \left.p^{(1)}\right|_{r=a} = 0 \end{cases} \tag{2.11}$$

模式 2 (Mode 2)：轴对称孔隙压力加载

$$\begin{cases} \left.\sigma_{rr}^{(2)}\right|_{r=a} = 0 \\[2mm] \left.\sigma_{r\theta}^{(2)}\right|_{r=a} = 0 \\[2mm] \left.p^{(2)}\right|_{r=a} = p_i - p_0 \end{cases} \tag{2.12}$$

模式 3 (Mode 3)：非轴对称应力加载

$$\begin{cases} \left.\sigma_{rr}^{(3)}\right|_{r=a} = -S_0 \cos 2\theta \\[2mm] \left.\sigma_{r\theta}^{(3)}\right|_{r=a} = S_0 \sin 2\theta \\[2mm] \left.p^{(3)}\right|_{r=a} = 0 \end{cases} \tag{2.13}$$

图 2.4 直观地展示了原问题的分解方案。

由边界条件可知，模式 1 与模式 2 的解是轴对称的，而模式 3 的解是对于极坐标角 θ 二阶谐波的，即 $\{\cos 2\theta, \sin 2\theta\}$。此外 Detournay 与 Cheng [29] 指出，模式 1 的求解结果将恰好与时间无关，而对于模式 2 和模式 3，Detournay 与 Cheng [29] 给出了基于拉普拉斯变换方法求解出的在拉普拉斯频域空间中的解，本书将其放在了附录 A 中。

需要指出的是，由于频域空间中模式 2 和模式 3 的解出现了贝塞尔函数，将无法直接进行逆变换得到时域中对应的解析解。本章后续部分

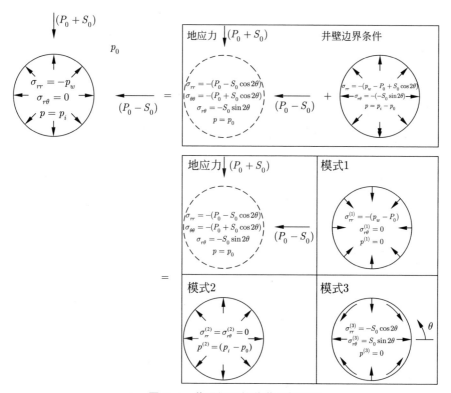

图 2.4　井眼问题的载荷分解图示

在 ASME 的授权下再出版，摘自 GAO Y, LIU Z, ZHUANG Z, GAO D & HWANG K -C. Cylindrical borehole failure in a transversely isotropic poroelastic medium[J]. Journal of Applied Mechanics,2017, 84(11): 111008. 授权通过 Copyright Clearance Center, Inc 发送。

将针对该问题进行讨论，并分别使用如下两种思路分析该问题：①求取有可能成为强度校核临界条件的特殊位置和特定时间的解析解；②用数值变换的方法得到全体时域解。

2.4.2　瞬时与长时状态下的全场解

如同在 1.1.3 节中描述的，Biot 本构关系中一个重要性质就是无渗与全渗行为。在材料受到加载的一瞬间，即 $t \to 0^+$ 时，孔隙流体被困在固体骨架之中还来不及流动，此时材料的响应对应于无渗状态。由于分

析 Biot 本构模型时没有考虑应力波效应，此时应力边界条件会直接立即影响到域内所有点，各处的孔隙压力都会受到边界给定的应力影响。这也被称为"**Skempton 效应**"。与此同时，孔隙压力边界条件造成的影响还来不及扩散到域内，导致由应力边界条件产生的域内初始孔隙压力边界值 $p|_{\substack{r \to a \\ t=0^+}}$ 很可能会和孔隙压力边界条件 $p|_{\substack{r=a \\ t=0^+}}$ 不一致。这会使得孔隙压力边界值和域内值在瞬时有间断现象。孔隙压力的间断也会影响到平行于边界的应力分量 $\sigma_{\theta\theta}$ 上，导致 $\sigma_{\theta\theta}$ 的值同样在瞬时边界处发生间断现象：$\sigma_{\theta\theta}|_{\substack{r=a \\ t=0^+}} \neq \sigma_{\theta\theta}|_{\substack{r \to a \\ t=0^+}}$。

全渗行为则将在长时 $(t \to \infty)$ 时发生：如果加载边界条件一直保持不随时间变化，则岩石各点在时间充分长之后将达到稳态，即涉及时间导数 $\partial/\partial t$ 的项都为 0。将其应用到式 (1.109) 上，可知长时解下有泊松方程或调和方程 (无体力与流体体积源项时)：

$$\kappa \nabla^2 p = -\gamma + \kappa f_{i,i}$$

模式 1 的解可以用一定的积分技巧直接求解得到 [29]，无需依靠拉普拉斯变换，见附录 A 中式 (A.1)。实际上，根据多孔弹性的性质，在模式 1 加载后的瞬时解就是无渗状态材料常数下传统弹性胡克介质的 Lamé 解 (见 1.1.3 节)，而该 Lamé 解有 $\sigma_{rr}^{(1)} + \sigma_{\theta\theta}^{(1)} = 0$ 的特性。根据式 (1.115)，以及 Rice 与 Cleary [7] 所证得的类似结论，可得此瞬时全场孔隙压力 $p = 0$。这也与各向同性材料中 (式 (1.73)) 对于平面应变无渗状态下孔隙压力与平面应力球量 $\sigma_{\gamma\gamma}$ 成正比的预期一致。

进一步地，由于求出的初始时刻全场孔隙压力 $p = 0$ 已经满足了孔隙压力边界条件，而应力解 Lamé 解也满足对应的应力边界条件，在接下来的时间中，全场都不存在孔隙介质的流动，即已经达到全渗状态。因此，在模式 1 的加载情况下将不会有 Skempton 效应，全场任意时刻的孔隙压力都会保持为零不变，而应力解也将与时间无关[7]。故模式 1 不存在时间相关的现象。

然而，对于模式 2 和模式 3，Skempton 效应十分显著，且求解得到的应力场和孔隙压力场将和时间相关。如同本节开头所述，关于孔隙压力 p 和环向应力 $\sigma_{\theta\theta}$ 的瞬时解 $(t = 0^+)$ 将由此在井壁边界 $(r = a)$ 变得不连续①。因而在极短时间后，该处的环向应力和孔隙压力对 r 会有极大的梯度，而从经验上看，井壁边界也恰恰是最需要关心是否会发生破坏的地方。

在后文中，表达式 $t = 0^+$ 表示 t 从正侧趋向于 0 的极限过程，即 $t \to 0^+$。

对于井眼校核问题，目标是确保应力即孔隙压力在 $\{r \in [a, \infty) \times t \in [0^+, \infty]\}$ 整个时间与空间上都是安全的，即可以通过 2.3 节中给出的强度准则校核。但由于附录 A 给出的拉普拉斯变换后的解包含了贝塞尔函数，无法给出整个时域空间上的解析逆变换结果，本章将不得不只研究一些特殊时刻的应力场，作为校核的目标。

本章挑选了下面三个特殊时刻作为校核的目标：

(1) 极限时刻 $t = 0^+$，即瞬时解，见 2.4.2.1 节；

(2) 极限时刻 $t \to \infty$，即长时解，见 2.4.2.2 节；

(3) 短时解，见 2.4.3 节。

选择这三者作为校核目标有两个原因：其一，在通过程序对附录 A 中的解进行数值逆变换并检查了在不同工况下破坏发生的时刻后，发现在所有校核过的例子中，最危险的时刻都包含在上面三者之中，过程详见 4.3 节；其二，拉普拉斯变换有两个特殊定理[33]，分别是初值定理：

$$f(0^+) = \lim_{s \to \infty} sF(s) \tag{2.14}$$

和终值定理：

$$f(\infty) = \lim_{s \to 0} sF(s) \tag{2.15}$$

式中，$F(s)$ 是 $f(t)$ 的拉普拉斯变换结果。这两个定理要求极限是存在的。基于这两个定理，上述的瞬时、长时、短时三个特殊时刻的解就能被解析得到，方便本书讨论临界压力，进而便于工程师直接应用解析结果。

---

① 此处的不连续指当 $t = 0^+$ 时，$r = a$ 的值与 $r \to a^+$（即 r 从域内 $r > a$ 一侧趋于 a）的值不相等。

2.4.2.1 瞬时解 $(t = 0^+,\ a \leqslant r < \infty)$

由于瞬时解的间断效应, 边界上 $(r = a)$ 和边界内 $(r > a)$ 的解需要分别使用初值定理 (式 (2.14)) 得到。在本节中, 将只给出由拉普拉斯逆变换得到的解析表达式, 而其对应的解将在图 2.5 和图 2.7 中画出。

模式 2 对于边界上的解, 将 $r = a$ 先代入到拉普拉斯空间中的解式 (A.2) 中, 再应用初值定理 (式 (2.14)), 可得

$$
\begin{cases}
\left.\sigma_{rr}^{(2)}\right|_{\substack{r=a \\ t=0^+}} = 0 \\[2mm]
\left.\sigma_{\theta\theta}^{(2)}\right|_{\substack{r=a \\ t=0^+}} = \lim_{s\to\infty} s\,\tilde{\sigma}_{\theta\theta}^{(2)}\Big|_{r=a} = 2\eta(p_0 - p_i) \\[2mm]
\left.p^{(2)}\right|_{\substack{r=a \\ t=0^+}} = p_i - p_0
\end{cases}
\tag{2.16}
$$

其中式 $(2.16)_{1,3}$ 与边界条件式 (2.12) 一致, 式 $(2.16)_2$ 的边界值是求解后的结果。

另一方面, 在岩石内部的瞬时解 $(r > a)$ 由初值定理可得

$$
\begin{cases}
\left.\sigma_{rr}^{(2)}(r)\right|_{\substack{r>a \\ t=0^+}} = \lim_{s\to\infty} s\tilde{\sigma}_{rr}^{(2)}(r) = 0 \\[2mm]
\left.\sigma_{\theta\theta}^{(2)}(r)\right|_{\substack{r>a \\ t=0^+}} = \lim_{s\to\infty} s\tilde{\sigma}_{\theta\theta}^{(2)}(r) = 0 \\[2mm]
\left.p^{(2)}(r)\right|_{\substack{r>a \\ t=0^+}} = \lim_{s\to\infty} s\tilde{p}^{(2)}(r) = 0
\end{cases}
\tag{2.17}
$$

这里岩石内响应都为零的情况是符合预期的, 因为模式 2 只有边界一点的孔隙压力改变 (见式 $(2.16)_3$), 在加载一瞬间岩石内部还来不及对其做出反应。

模式 3 在边界上, 将拉普拉斯变换的初值定理式 (2.14) 应用到模式 3 的解式 (A.6) 中, 可得

$$
\begin{cases}
\sigma_{rr}^{(3)}\Big|_{\substack{r=a\\t=0^+}} = \lim_{s\to\infty} s\tilde{\sigma}_{rr}^{(3)}\Big|_{r=a} = \lim_{s\to\infty} s\tilde{S}_{rr}\Big|_{r=a}\cos 2\theta = -S_0\cos 2\theta\\[2mm]
\sigma_{\theta\theta}^{(3)}\Big|_{\substack{r=a\\t=0^+}} = \lim_{s\to\infty} s\tilde{\sigma}_{\theta\theta}^{(3)}\Big|_{r=a} = \lim_{s\to\infty} s\tilde{S}_{\theta\theta}\Big|_{r=a}\cos 2\theta = -\frac{3+\nu-4\nu_u}{1-\nu}S_0\cos 2\theta\\[2mm]
\sigma_{r\theta}^{(3)}\Big|_{\substack{r=a\\t=0^+}} = \lim_{s\to\infty} s\tilde{\sigma}_{r\theta}^{(3)}\Big|_{r=a} = \lim_{s\to\infty} s\tilde{S}_{r\theta}\Big|_{r=a}\sin 2\theta = S_0\sin 2\theta\\[2mm]
p^{(3)}\Big|_{\substack{r=a\\t=0^+}} = \lim_{s\to\infty} s\tilde{p}^{(3)}\Big|_{r=a} = \lim_{s\to\infty} s\tilde{P}\Big|_{r=a}\cos 2\theta = 0
\end{cases}
\tag{2.18}
$$

另一方面，在岩石内部 $(r>a)$ 则有

$$
\begin{cases}
\sigma_{rr}^{(3)}(r)\Big|_{\substack{r>a\\t=0^+}} = \lim_{s\to\infty} s\tilde{\sigma}_{rr}^{(3)}(r) = \lim_{s\to\infty} s\tilde{S}_{rr}(r)\cos 2\theta = -\left(4\frac{a^2}{r^2}-3\frac{a^4}{r^4}\right)S_0\cos 2\theta\\[2mm]
\sigma_{\theta\theta}^{(3)}(r)\Big|_{\substack{r>a\\t=0^+}} = \lim_{s\to\infty} s\tilde{\sigma}_{\theta\theta}^{(3)}(r) = \lim_{s\to\infty} s\tilde{S}_{\theta\theta}(r)\cos 2\theta = -3\frac{a^4}{r^4}S_0\cos 2\theta\\[2mm]
\sigma_{r\theta}^{(3)}(r)\Big|_{\substack{r>a\\t=0^+}} = \lim_{s\to\infty} s\tilde{\sigma}_{r\theta}^{(3)}(r) = \lim_{s\to\infty} s\tilde{S}_{r\theta}(r)\sin 2\theta = \left(3\frac{a^4}{r^4}-2\frac{a^2}{r^2}\right)S_0\sin 2\theta\\[2mm]
p^{(3)}(r)\Big|_{\substack{r>a\\t=0^+}} = \lim_{s\to\infty} s\tilde{p}^{(3)}(r) = \lim_{s\to\infty} s\tilde{P}(r)\cos 2\theta = \frac{4}{3}B(1+\nu_u)\frac{a^2}{r^2}S_0\cos 2\theta
\end{cases}
\tag{2.19}
$$

这里岩石内部的响应 (式 $(2.19)_{1,3}$) 的边界值与式 $(2.18)_{1,3}$ 是相符的。但模式 3 中孔隙压力 $p^{(3)}$ 域内解 (式 $(2.19)_4$) 在边界上的值与边界值 (式 $(2.18)_4$) 不符，环向应力 $\sigma_{\theta\theta}^{(3)}$ 域内解 (式 $(2.19)_2$) 在边界上的值与边界值 (式 $(2.18)_2$) 也不符。这两者不相符都是由 Skempton 效应和扩散方程中岩石内部来不及做出反应两个原因共同造成的。

2.4.2.2　长时解 $(t\to\infty,\ a\leqslant r<\infty)$

与瞬时解 2.4.2.1 节类似，长时解同样可以基于附录 A 中的拉普拉斯变换解，并利用终值定理式 (2.15) 得到。与瞬时解不同的是，长时解无需再区分井壁边界和井壁内部的结果，因为此时间断现象已经被抹平。

模式 2　可以得到

$$
\begin{cases}
\sigma_{rr}^{(2)}(r)\Big|_{\substack{r\geqslant a\\ t\to\infty}} = \lim_{s\to 0} s\tilde{\sigma}_{rr}^{(2)}(r) = \left(1-\dfrac{a^2}{r^2}\right)\eta(p_0-p_i) \\[3mm]
\sigma_{\theta\theta}^{(2)}(r)\Big|_{\substack{r\geqslant a\\ t\to\infty}} = \lim_{s\to 0} s\tilde{\sigma}_{\theta\theta}^{(2)}(r) = \left(1+\dfrac{a^2}{r^2}\right)\eta(p_0-p_i) \\[3mm]
p^{(3)}(r)\Big|_{\substack{r\geqslant a\\ t\to\infty}} = \lim_{s\to 0} s\tilde{p}^{(2)}(r) = p_i - p_0
\end{cases}
\tag{2.20}
$$

模式 3　由终值定理可以得到

$$
\begin{cases}
\sigma_{rr}^{(3)}(r)\Big|_{\substack{r\geqslant a\\ t\to\infty}} = \lim_{s\to 0} s\tilde{\sigma}_{rr}^{(3)}(r) = \lim_{s\to 0} s\tilde{S}_{rr}(r)\cos 2\theta = -\left(4\dfrac{a^2}{r^2}-3\dfrac{a^4}{r^4}\right)S_0\cos 2\theta \\[3mm]
\sigma_{\theta\theta}^{(3)}(r)\Big|_{\substack{r\geqslant a\\ t\to\infty}} = \lim_{s\to 0} s\tilde{\sigma}_{\theta\theta}^{(3)}(r) = \lim_{s\to 0} s\tilde{S}_{\theta\theta}(r)\cos 2\theta = -3\dfrac{a^4}{r^4}S_0\cos 2\theta \\[3mm]
\sigma_{r\theta}^{(3)}(r)\Big|_{\substack{r\geqslant a\\ t\to\infty}} = \lim_{s\to 0} s\tilde{\sigma}_{r\theta}^{(3)}(r) = \lim_{s\to 0} s\tilde{S}_{r\theta}(r)\sin 2\theta = \left(3\dfrac{a^4}{r^4}-2\dfrac{a^2}{r^2}\right)S_0\sin 2\theta \\[3mm]
p^{(3)}(r)\Big|_{\substack{r\geqslant a\\ t\to\infty}} = \lim_{s\to 0} s\tilde{p}^{(3)}(r) = \lim_{s\to 0} s\tilde{P}(r)\cos 2\theta = 0
\end{cases}
\tag{2.21}
$$

2.4.3　短时解的提出

如前文所述，在瞬时解 $(t=0^+)$ 中，孔隙压力 p 和环向应力 $\sigma_{\theta\theta}$ 在边界 $(r=a)$ 处是不连续的。但是，在经过了时间 ε 之后，无论时间有多小，不连续性都消失了。本章提出的短时解正是指这样一个概念：在靠近井壁 $r=a$ 的邻近区域内，应力和孔隙压力所能达到的值。

本节将分别讨论如何构造模式 2 和模式 3 中的短时解。

2.4.3.1　模式 2

式 (2.17) 中给出了应力 $\sigma_{\theta\theta}^{(2)}$ 和孔隙压力 $p^{(2)}$ 受到边界载荷 $(p_i - p_0)$ 后在岩石内部 $(r>a)$ 的瞬时解。可见除了在边界 $r=a$ 上有

$\sigma_{\theta\theta}^{(2)}\left(a,0^{+}\right)=-2\eta p^{(2)}\left(a,0^{+}\right)=2\eta\left(p_{0}-p_{i}\right)$ 之外 (见式 (2.16))，其他各点都为零。如前文描述的，$t=0^{+}$ 时两函数 $\sigma_{\theta\theta}^{(2)}(r,0^{+})$ 与 $p^{(2)}(r,0^{+})$ 会在 $r=a$ 处从非零值突跳为零。但是，对于边界 $r=a$ 的邻域内 [①]，在短时间内 (即 $t=\varepsilon$)，$\sigma_{rr}^{(2)}(r,\varepsilon)$ 和 $p^{(2)}(r,\varepsilon)$ 两个函数的梯度会很大。

使用符号描述的话，函数 $f(r,t)$ 的短时解可被定义为

$$f\bigg|_{\substack{r\approx a\\ t>0^{+}}}=\lim_{\varepsilon\to 0}\left\{\max\ \text{or}\ \min_{a<r<a+\sqrt{4c\varepsilon}}f(r,\varepsilon)\right\} \tag{2.22}$$

式中，$r\approx a$ 表示足够近的邻域，而 $t>0^{+}$ 表示在充分短的时间内能达到的值。

为了更加清晰地看到模式 2 中几个场变量在短时内的变化，图 2.5 展示了径向应力 $\sigma_{rr}^{(2)}$、环向应力 $\sigma_{\theta\theta}^{(2)}$ 和孔隙压力 $p^{(2)}$ 在瞬时 $(t=0^{+})$ 和很短时间后 $(t^{*}=10^{-4},10^{-3},10^{-2})$ 靠近井壁处的空间分布 [②]。这里 $t^{*}\equiv ct/a^{2}$ 为无量纲时间。图 2.5 中采用的参数为 $c=5.3\times 10^{-3}$ m^{2}/s，$\nu=0.12$，$\nu_{u}=0.31$，这也是 Ruhr 砂岩的一组测量结果[7]。图上的几条虚线都由拉普拉斯数值逆变换得到 (具体细节见 4.3 节)。

在图 2.5(b) 和 (c) 中分别可见，环向应力和孔隙压力都在瞬时解上表现出了间断现象：在加载的一瞬间，瞬时解 $(t=0^{+})$ 在边界上的值 ($r=a$ 处，用实心圆点表示，由式 (2.16) 给定) 与边界内部的值 ($r>a$，由实线和空心圆圈构成，由式 (2.17) 给出) 不连续。这里空心圆圈的标记表示将该点从实线中排除。而图 2.5(a) 中的径向应力则没有表现出间断现象。此外，在整个过程中，这三个场在边界上的值一直保持恒定，即给定的边界条件 (式 (2.12))，这也正是模式 2 将要定义的短时解 (式 (2.23))。

图 2.6 展示了靠近边界的模式 2 的孔隙压力函数随无量纲时间

---

① Rice 与 Cleary [7] 估计了这个邻域的大小为

$$r-a\ll\sqrt{4c\varepsilon}\ll a$$

式中，$\sqrt{4c\varepsilon}$ 是估计的边界孔隙压力渗透进入岩石内的深度。下标 $r\approx a,t>0^{+}$ 被用来表示基于式 (2.22) 定义的短时解。

② 应注意，这些函数都只在 $r\geqslant a$ 的部分有意义。

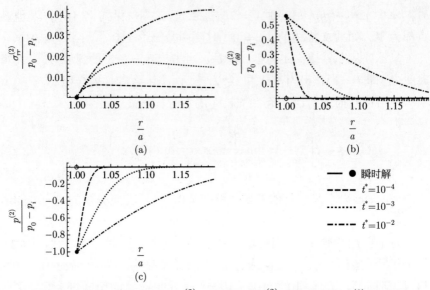

图 2.5 模式 2 中径向应力 $\sigma_{rr}^{(2)}$、环向应力 $\sigma_{\theta\theta}^{(2)}$ 和孔隙压力 $p^{(2)}$ 的空间分布 (以无量纲时间 t^* 为参数)

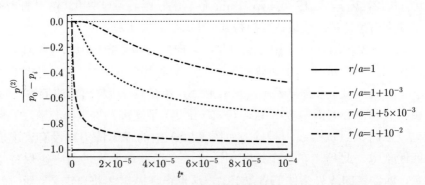

图 2.6 模式 2 的孔隙压力函数 $p^{(2)}$ 随无量纲时间 t^* 变化的图像 (以点的位置 r/a 为参数)

图中可见靠近边界处有陡峭的压力突变

$t^* \equiv ct/a^2$ 的变化过程。边界上的孔隙压力 $p^{(2)}$ 保持为 $-(p_0 - p_i)$。但是在边界内部，$p^{(2)}$ 随时间从 0 开始，之后快速变化为 $-(p_0 - p_i)$。越

靠近边界，孔隙压力变化得越快。图 2.6 是图 2.5(c) 从另一种角度观察 $p^{(2)}(r,t)$ 的结果。

从图 2.5(b) 和 (c) 中可见，尽管瞬时解在边界上有间断，且实心圆点所对应的值在加载瞬间时只有边界上一点可以达到；但是在经过极短的时间之后，域内 $(r \geqslant a)$ 总会有一定区域可以达到实心圆点 (即瞬时解) 所对应的值。因此基于对式 (2.22) 的理解，本书将采纳式 (2.16) 作为模式 2 的短时解如下，而非式 (2.17)：

$$\begin{cases} \sigma_{rr}^{(2)}\bigg|_{\substack{r \approx a \\ t > 0^+}} = 0 \\[2mm] \sigma_{\theta\theta}^{(2)}\bigg|_{\substack{r \approx a \\ t > 0^+}} = 2\eta(p_0 - p_i) \\[2mm] p^{(2)}\bigg|_{\substack{r \approx a \\ t > 0^+}} = p_i - p_0 \end{cases} \tag{2.23}$$

此外，也请读者留意本书介绍的理论本身所具有的局限性。本书在介绍 Biot 理论时，假设了应力波波速是无穷大的，由此求得的井眼问题在瞬时 $(t = 0^+)$ 有间断结果。实际上，按本书介绍的 Biot 理论，短时破坏指在边界附近、很短时间内发生的破坏，但无法精确确定破坏的具体位置和时间，因此在 2.4.4 节中分别对瞬时、长时、短时三者都进行了安全校核，并在后续分析中总是采用最危险的临界情况作为校核点。

2.4.3.2　模式 3

与 2.4.3.1 节中的分析方法类似，在本节中依然采用从图像着手的方法来判断如何选择短时解。图 2.7 给出了模式 3 中径向应力 $\sigma_{rr}^{(3)}$、环向应力 $\sigma_{\theta\theta}^{(3)}$、孔隙压力 $p^{(3)}$ 和剪应力 $\sigma_{r\theta}^{(3)}$ 分别在瞬时 $(t = 0^+)$ 和 $t^* = 10^{-4}, 10^{-3}, 10^{-2}$ 几个时刻下的空间分布。与 2.4.2.1 节中关于模式 3 的分析结果一致：$\sigma_{rr}^{(3)}$ 和 $\sigma_{r\theta}^{(3)}$ 在所有时间都是连续的函数，但是孔隙压力 $p^{(3)}$ 和环向应力 $\sigma_{\theta\theta}^{(3)}$ 在瞬时 $(t = 0^+)$ 则表现出了间断现象：图 2.7(b) 和 (c) 中的瞬时解都是间断的函数，由一个实心圆点和带空心圆圈的实线构成。其中实心圆点的值由式 (2.18) 给出，而空心圆圈和实线由式 (2.19) 给出。

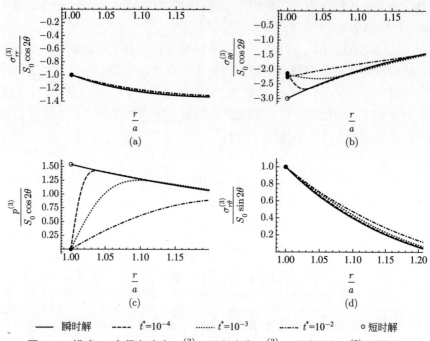

图 2.7　模式 3 中径向应力 $\sigma_{rr}^{(3)}$、环向应力 $\sigma_{\theta\theta}^{(3)}$、孔隙压力 $p^{(3)}$ 和剪应力 $\sigma_{r\theta}^{(3)}$ 的空间分布 (以无量纲时间 t^* 为参数)

　　图 2.8 是图 2.7(b) 的局部放大版。图 2.7 和图 2.8 明确展示出了短时解引入的必要性。在这两幅图中，短时解 (空心圆圈) 对应的孔隙压力状态或应力状态都比边界上的瞬时解更加危险；且在极短时间内，岩石内部在边界邻近的区域会出现接近短时解的应力值。

　　在图 2.8 中还可以观察到：边界上 ($r=a$) 的环向应力是随时间单调递减的。在除 $\sigma_{\theta\theta}^{(3)}$ 之外的几个场中，边界上的值都因边界条件的影响而固定。

　　综上所述，与模式 2 中总是选取瞬时边界上 ($t=0^+$, $r=a$) 的值作为短时解不同，模式 3 应该选择瞬时边界内的极限值 ($t=0^+$, $r\to a$)，即图 2.7 和图 2.8 中空心圆圈对应的值，作为短时解。尽管空心圆圈对应的值在 $t=0^+$ 被边界点 $r=a$ 排除，但在极短时间之后，在岩石内总有一段边界邻近区域可以达到该极限值，例如图 2.8 中 $t^*=10^{-4}$。故模式 3 的短时解可由岩石内部 ($r>a$) 的式 (2.19)(令 $r\to a$) 得到

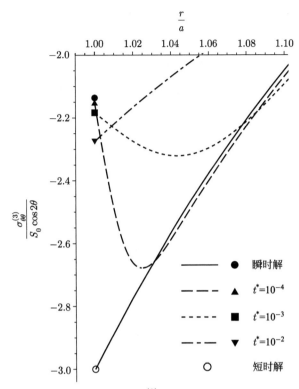

图 2.8 模式 3 中环向应力 $\sigma_{\theta\theta}^{(3)}$ 在几个给定时刻下的空间分布 (图 2.7(b) 的局部放大版)

在 ASME 的授权下再出版,摘自 GAO Y, LIU Z, ZHUANG Z, HWANG K –C WANG Y, YANG L & YANG. Cylindrical borehole failure in a poroelastic medium[J]. Journal of Applied Mechanics, 2016,83(6):061005. 授权通过 Copyright Clearance Center, Inc 发送。

$$
\begin{cases}
\sigma_{rr}^{(3)}\bigg|_{\substack{r\approx a \\ t>0^+}} = -S_0 \cos 2\theta \\[2ex]
\sigma_{\theta\theta}^{(3)}\bigg|_{\substack{r\approx a \\ t>0^+}} = -3S_0 \cos 2\theta \\[2ex]
\sigma_{r\theta}^{(3)}\bigg|_{\substack{r\approx a \\ t>0^+}} = S_0 \sin 2\theta \\[2ex]
p^{(3)}\bigg|_{\substack{r\approx a \\ t>0^+}} = \frac{4}{3}B(1+\nu_u)S_0 \cos 2\theta
\end{cases}
\tag{2.24}
$$

2.4.4　靠近井壁处瞬时、长时、短时解的叠加结果

对于瞬时 $t = 0^+$ 和长时 $t \to \infty$，全场解 $(r \geqslant a)$ 的结果可以由地应力和模式 1，模式 2，模式 3 的结果叠加得到。由于只关心靠近井壁边界处的结果，本节将只展示靠近井壁附近的、被专门挑选出来的三个解：

(1) 瞬时边界上的解 $(r = a, t = 0^+)$；

(2) 长时边界上的解 $(r = a, t \to \infty)$；

(3) 短时解 $(r \approx a, t > 0^+)$。

需要指出的是，Detournay 与 Cheng [29] 给出了一个例子，认为井眼破坏发生在了和井壁边界有一定距离的位置。本书在 2.6 节和 4.3 节中将给出说明，根据多种不同的边界条件和材料常数的数值分析结果，本书仍然使用这里决定的三个靠近井壁边界的特殊解作为校核目标。

作为一个平面应变问题，竖直方向上的应力 σ_{zz} 可由平面应变条件 $\varepsilon_{zz} = 0$ 得到

$$\sigma_{zz} = -\sigma_V + \nu \sum_{i=1}^{3} \sigma_{\gamma\gamma}^{(i)} - \alpha \left(1 - 2\nu \right) \sum_{i=1}^{3} p^{(i)}$$

$$= -\sigma_V + \nu \left(\sigma_{rr} + \sigma_{\theta\theta} + 2P_0 \right) - \alpha \left(1 - 2\nu \right) \left(p - p_0 \right) \tag{2.25}$$

式 $(2.25)_1$ 中 $\sigma_{\gamma\gamma}^{(i)}$ 和 $p^{(i)}$ 表示未叠加前模式 i 的解，重复的 γ 表示对于 1，2 的叠加结果。而式 $(2.25)_2$ 中的 $\sigma_{zz}, \sigma_{\theta\theta}, p$ 都是岩石中的实际应力和孔隙压力，即它们都是地应力和模式 1，模式 2，模式 3 的叠加结果。

最终所需的解可以通过叠加附录 A 中式 (A.1) 给出的模式 1 的解、2.4.2 节和 2.4.3 节中给出的模式 2 和模式 3 的解，以及式 (2.10) 给出的初始地应力得到。接下来的 2.4.4.1 节 ~ 2.4.4.3 节将分别针对前文所述的三种特殊时刻与位置给出叠加后的解。

为简化考虑，本节接下来给出的解将假设 $p_i = p_w$，即忽略滤饼效应。完整考虑了滤饼效应的解将在关于横观各向同性本构模型井眼校核的第 4 章中给出。

2.4.4.1　瞬时解 $(r = a, t = 0^+)$

为了方便阅读，在本节及之后的长时解、短时解中，各表达式中第一个等号后的四项分别为地应力和模式 1，模式 2，模式 3 的解，第二个等号后为叠加后的结果。

$$
\begin{cases}
\sigma_{rr}\Big|_{\substack{r=a\\t=0^+}} = (P_0-p_w)+(0)+(-S_0\cos 2\theta)+(-P_0+S_0\cos 2\theta) = -p_w \\[2mm]
\sigma_{\theta\theta}\Big|_{\substack{r=a\\t=0^+}} = \big(-(P_0-p_w)\big)+\big(2\eta(p_0-p_w)\big)+\left(\dfrac{3+\nu-4\nu_u}{\nu-1}S_0\cos 2\theta\right)+ \\[2mm]
\qquad\qquad \big(-(P_0+S_0\cos 2\theta)\big) \\[2mm]
\qquad = -2P_0+2\eta p_0-4\dfrac{1-\nu_u}{1-\nu}S_0\cos 2\theta+(1-2\eta)p_w \\[2mm]
\sigma_{r\theta}\Big|_{\substack{r=a\\t=0^+}} = (0)+(0)+(S_0\sin 2\theta)+(-S_0\sin 2\theta) = 0 \\[2mm]
p\Big|_{\substack{r=a\\t=0^+}} = (0)+\big(-(p_0-p_w)\big)+(0)+(p_0) = p_w \\[2mm]
\sigma_{zz}\Big|_{\substack{r=a\\t=0^+}} = -\sigma_{\mathrm{V}}+\nu\left(\sigma_{rr}\Big|_{\substack{r=a\\t=0^+}}+\sigma_{\theta\theta}\Big|_{\substack{r=a\\t=0^+}}+2P_0\right)-\alpha(1-2\nu)\left(p\Big|_{\substack{r=a\\t=0^+}}-p_0\right) \\[2mm]
\qquad = -\sigma_{\mathrm{V}}-2\eta(p_w-p_0)-4\nu\dfrac{1-\nu_u}{1-\nu}S_0\cos 2\theta
\end{cases}
$$

$$(2.26)$$

2.4.4.2　长时解 $(r=a,t\to\infty)$

$$
\begin{cases}
\sigma_{rr}\Big|_{\substack{r=a\\t\to\infty}} = (P_0-p_w)+(0)+(-S_0\cos 2\theta)+(-P_0+S_0\cos 2\theta) = -p_w \\[2mm]
\sigma_{\theta\theta}\Big|_{\substack{r=a\\t\to\infty}} = \big(-(P_0-p_w)\big)+\big(2\eta(p_0-p_w)\big)+(-3S_0\cos 2\theta)+ \\[2mm]
\qquad\qquad \big(-(P_0+S_0\cos 2\theta)\big) \\[2mm]
\qquad = -2P_0+2\eta p_0-4S_0\cos 2\theta+(1-2\eta)p_w \\[2mm]
\sigma_{r\theta}\Big|_{\substack{r=a\\t\to\infty}} = (0)+(0)+(S_0\sin 2\theta)+(-S_0\sin 2\theta) = 0 \\[2mm]
p\Big|_{\substack{r=a\\t\to\infty}} = (0)+\big(-(p_0-p_w)\big)+(0)+(p_0) = p_w \\[2mm]
\sigma_{zz}\Big|_{\substack{r=a\\t\to\infty}} = -\sigma_{\mathrm{V}}+\nu\left(\sigma_{rr}\Big|_{\substack{r=a\\t\to\infty}}+\sigma_{\theta\theta}\Big|_{\substack{r=a\\t\to\infty}}+2P_0\right)-\alpha(1-2\nu)\left(p\Big|_{\substack{r=a\\t\to\infty}}-p_0\right) \\[2mm]
\qquad = -\sigma_{\mathrm{V}}-2\eta(p_w-p_0)-4\nu S_0\cos 2\theta
\end{cases}
$$

$$(2.27)$$

2.4.4.3　短时解 $(r \approx a, t > 0^+)$

$$
\begin{cases}
\sigma_{rr}\Big|_{\substack{r \approx a \\ t > 0^+}} = (P_0-p_w)+(0)+(-S_0\cos 2\theta)+(-P_0+S_0\cos 2\theta) = -p_w \\[2ex]
\sigma_{\theta\theta}\Big|_{\substack{r \approx a \\ t > 0^+}} = \big(-(P_0-p_w)\big)+\big(2\eta(p_0-p_w)\big)+(-3S_0\cos 2\theta)+ \\[1ex]
\qquad\qquad \big(-(P_0+S_0\cos 2\theta)\big) \\[1ex]
\qquad = -2P_0+2\eta p_0-4S_0\cos 2\theta+(1-2\eta)p_w \\[2ex]
\sigma_{r\theta}\Big|_{\substack{r \approx a \\ t > 0^+}} = (0)+(0)+(S_0\sin 2\theta)+(-S_0\sin 2\theta) = 0 \\[2ex]
p\Big|_{\substack{r \approx a \\ t > 0^+}} = (0)+\big(-(p_0-p_w)\big)+\left(\dfrac{4}{3}B(1+\nu_u)S_0\cos 2\theta\right)+(p_0) \\[2ex]
\qquad = p_w+\dfrac{4}{3}B(1+\nu_u)S_0\cos 2\theta \\[2ex]
\sigma_{zz}\Big|_{\substack{r \approx a \\ t > 0^+}} = -\sigma_V+\nu\left(\sigma_{rr}\Big|_{\substack{r \approx a \\ t > 0^+}}+\sigma_{\theta\theta}\Big|_{\substack{r \approx a \\ t > 0^+}}+2P_0\right)-\alpha(1-2\nu)\left(p\Big|_{\substack{r \approx a \\ t > 0^+}}-p_0\right) \\[2ex]
\qquad = -\sigma_V-2\eta(p_w-p_0)-4\nu_u S_0\cos 2\theta
\end{cases}
\tag{2.28}
$$

如前文讨论，短时解并不与边界条件保持一致。

2.5　安全校核

　　本节将在 2.4 节求得的井眼问题解基础上，利用 2.3 节所述的拉伸破坏与剪切破坏强度准则，进一步分析钻井问题中井壁的临界工作压力大小，获得许可工作压力范围。

　　本节将分别对两种不同的拉伸破坏情况与六种剪切破坏情况进行分析，并判定各情况下最危险的时刻和位置，最终进一步给出井眼临界工作压力的解析代数表达式。

2.5.1　拉伸破坏

　　如 2.3.2 节所述，拉伸破坏有竖直截面和水平截面两种可能。对于本

节处理的各向同性本构模型，将假设两种破坏模式对应的极限强度相同，即

$$T_{\mathrm{V}} = T_{\mathrm{H}} = T \tag{2.29}$$

2.5.1.1　竖直截面拉伸破坏 (情况 1))

将式 (2.26) ~ 式 (2.28) 代入拉伸准则 (式 (2.6)) 中，并考虑到式 (2.29)，可分别得到瞬时、长时、短时的临界井眼工作压力和安全范围：

$$p_w < p_{b\mathrm{V,I}} = \frac{T + 2P_0 - 2\eta p_0 - 4\frac{1-\nu_u}{1-\nu}S_0}{2(1-\eta)} \tag{2.30}$$

$$p_w < p_{b\mathrm{V,S}} = \frac{T + 2P_0 - 2\eta p_0 - 4S_0 + \frac{4}{3}B(1+\nu_u)S_0}{2(1-\eta)} \tag{2.31}$$

$$p_w < p_{b\mathrm{V,L}} = \frac{T + 2P_0 - 2\eta p_0 - 4S_0}{2(1-\eta)} \tag{2.32}$$

式中，下标 b 表示破裂 (breakdown) 压力；V 表示竖直截面；I, S, L 分别表示瞬时 (instantaneous)、短时 (short-time)、长时 (long-time)。式 (2.30) ~ 式 (2.32) 分别给出了许可的最大井眼压力，也可证明它们之间应当满足不等式关系：

$$p_{b\mathrm{V,L}} < p_{b\mathrm{V,I}} \quad \text{且} \quad p_{b\mathrm{V,L}} < p_{b\mathrm{V,S}} \tag{2.33}$$

长时解 (式 (2.32)) 担保了其他两种情况的安全性。因此长时解 (式 (2.32)) 也是三者中最危险的，只需要校核它一个即可确保井眼不发生竖直截面的拉伸破坏。

该竖直截面长时解的临界载荷式也被称作 "Haimson-Fairhurst 解"[7,27,29]。

2.5.1.2　水平截面拉伸破坏 (情况 2))

与 2.5.1.1 节中类似，将式 (2.26) ~ 式 (2.28) 代入拉伸准则 (式 (2.7)) 中，并注意到式 (2.29)，可得到对于水平截面拉伸破坏的瞬时、短时、长时临界工作压力解：

$$p_w < p_{b\mathrm{H,I}} = \frac{T + \sigma_{\mathrm{V}} - 2\eta p_0 - 4\frac{1-\nu_u}{1-\nu}S_0}{1 - 2\eta} \tag{2.34}$$

$$p_w < p_{bH,S} = \frac{T + \sigma_V - 2\eta p_0 - 4\nu_u S_0 + \frac{4}{3}B(1+\nu_u)S_0}{1 - 2\eta} \tag{2.35}$$

$$p_w < p_{bH,L} = \frac{T + \sigma_V - 2\eta p_0 - 4\nu S_0}{1 - 2\eta} \tag{2.36}$$

同样可证明:

$$p_{bH,L} < p_{bH,I} \quad \text{且} \quad p_{bH,L} < p_{bH,S}$$

因而长时解 (式 (2.36)) 也是水平截面拉伸破坏中最危险的。其中关于 $p_{bS} > p_{bL}$ 的证明可参考附录 B.1 节。

2.5.2　剪切破坏

如 2.3.3 节所述,基于莫尔库仑准则有六种不同的剪切破坏可能模式。本节将分别讨论六种模式下临界井眼工作压力。

2.5.2.1　情况 a　$\sigma_{rr} \geqslant \sigma_{zz} \geqslant \sigma_{\theta\theta}$

在本情况中 $\sigma_{rr} \geqslant \sigma_{zz} \geqslant \sigma_{\theta\theta}$,因而 $\sigma_3' = \sigma_{\theta\theta} + p$, $\sigma_1' = \sigma_{rr} + p$。将瞬时、短时、长时解式 (2.26) ~ 式 (2.28) 代入莫尔库仑准则 (式 (2.9),公式中使用下标 MC 标记),可求出三个最小许可工作压力 (即下界),且可发现临界破坏位置都位于 $\theta = 0$, π:

$$p_w > p_{MC,I} = \frac{2P_0 - C_0 - 2\eta p_0 + 4\frac{1-\nu_u}{1-\nu}S_0}{2(1-\eta)} \tag{2.37}$$

$$p_w > p_{MC,S} = \frac{2P_0 - C_0 - 2\eta p_0 + 4S_0 + \frac{4}{3}B(1+\nu_u)S_0(\tan^2\beta - 1)}{2(1-\eta)} \tag{2.38}$$

$$p_w > p_{MC,L} = \frac{2P_0 - C_0 - 2\eta p_0 + 4S_0}{2(1-\eta)} \tag{2.39}$$

由 $\beta = \pi/4 + \varphi/2$,可得 $\tan\beta > 1$。因此可证得此处三个最小许可压力的顺序为

$$p_{MC,S} > p_{MC,L} > p_{MC,I}$$

因而短时解 (式 (2.38)) 担保了另外两个求解结果 (式 (2.37) 和式 (2.39)),并成为了唯一需要校核的井眼安全条件。也就是说,如果井眼压力 p_w

低于式 (2.38) 中的临界值的话，剪切破坏会在 $t \approx 0^+$ 时发生在井壁上 $\theta = 0$ 或 π 处。

2.5.2.2 情况 b $\quad \sigma_{rr} \geqslant \sigma_{\theta\theta} \geqslant \sigma_{zz}$

与情况 a 类似，可得此时临界位置在 $\theta = 0$, π，并能得到此时的三个最小许可压力为

$$p_w > p_{\text{MC,I}} = \frac{\sigma_{\text{V}} - C_0 - 2\eta p_0 + 4\nu\frac{1-\nu_u}{1-\nu}S_0}{1 - 2\eta} \tag{2.40}$$

$$p_w > p_{\text{MC,S}} = \frac{\sigma_{\text{V}} - C_0 - 2\eta p_0 + 4\nu_u S_0 + \frac{4}{3}B(1+\nu_u)S_0(\tan^2\beta - 1)}{1 - 2\eta} \tag{2.41}$$

$$p_w > p_{\text{MC,L}} = \frac{\sigma_{\text{V}} - C_0 - 2\eta p_0 + 4\nu S_0}{1 - 2\eta} \tag{2.42}$$

此时仍有

$$p_{\text{MC,S}} > p_{\text{MC,L}} > p_{\text{MC,I}}$$

因而只需校核剪切破坏短时解 (式 (2.41))。

2.5.2.3 情况 c $\quad \sigma_{\theta\theta} \geqslant \sigma_{rr} \geqslant \sigma_{zz}$

对于情况 c，也可以得到三个临界安全工作压力。但与情况 a 和情况 b 不同的是，此时这三个解都变成了最大许可工作压力 (即上界)。此外，在比较几个临界压力的大小时，也应当选取其中的最小值作为校核点，因而在分析 $S_0 \cos 2\theta$ 时，也要选择 $\theta = \pi/2$, $3\pi/2$ 而非 $\theta = 0$, π 作为最危险点。

$$p_w < p_{\text{MC,I}} = \frac{-\sigma_{\text{V}} + C_0 - 2\eta(\tan^2\beta - 1)p_0 + 2P_0\tan^2\beta - 4(\tan^2\beta - \nu)\frac{1-\nu_u}{1-\nu}S_0}{2(1-\eta)(\tan^2\beta - 1) + 1} \tag{2.43}$$

$$p_w < p_{\text{MC,S}} = \Big[-\sigma_{\text{V}} + C_0 - 2\eta(\tan^2\beta - 1)p_0 + 2P_0\tan^2\beta - 4(\tan^2\beta - \nu_u)S_0 + \frac{4}{3}B(1+\nu_u)(\tan^2\beta - 1)S_0 \Big] \Big/ \big[2(1-\eta)(\tan^2\beta - 1) + 1 \big] \tag{2.44}$$

$$p_w < p_{\mathrm{MC,L}} = \frac{-\sigma_{\mathrm{V}} + C_0 - 2\eta(\tan^2\beta - 1)p_0 + 2P_0\tan^2\beta - 4(\tan^2\beta - \nu)S_0}{2(1-\eta)(\tan^2\beta - 1) + 1}$$

$$(2.45)$$

比较它们也可以得到

$$p_{b\mathrm{H,L}} < p_{b\mathrm{H,I}} \quad \text{且} \quad p_{b\mathrm{H,L}} < p_{b\mathrm{H,S}}$$

因而式 (2.45) 中的长时解，或称"全渗状态解"是最危险的时刻，且此时剪切破坏发生在 $\theta = \pi/2,\ 3\pi/2$ 附近。

2.5.2.4　情况 d　$\sigma_{\theta\theta} \geqslant \sigma_{zz} \geqslant \sigma_{rr}$

此时可得三个最大许可压力，且最危险位置位于 $\theta = \pi/2,\ 3\pi/2$：

$$p_w < p_{\mathrm{MC,I}} = \frac{2P_0 + C_0\cot^2\beta - 2\eta p_0 - 4\frac{1-\nu_u}{1-\nu}S_0}{2(1-\eta)} \tag{2.46}$$

$$p_w < p_{\mathrm{MC,S}} = \frac{2P_0 + C_0\cot^2\beta - 2\eta p_0 - 4S_0 + \frac{4}{3}B(1+\nu_u)S_0(1-\cot^2\beta)}{2(1-\eta)}$$

$$(2.47)$$

$$p_w < p_{\mathrm{MC,L}} = \frac{2P_0 + C_0\cot^2\beta - 2\eta p_0 - 4S_0}{2(1-\eta)} \tag{2.48}$$

它们的顺序类似于情况 c：

$$p_{b\mathrm{H,L}} < p_{b\mathrm{H,I}} \quad \text{且} \quad p_{b\mathrm{H,L}} < p_{b\mathrm{H,S}}$$

因而式 (2.48) 是最危险的情况。

2.5.2.5　情况 e　$\sigma_{zz} \geqslant \sigma_{\theta\theta} \geqslant \sigma_{rr}$

此情况可以获得三个最大许可压力，临界破坏位置在 $\theta = \pi/2,\ 3\pi/2$：

$$p_w < p_{\mathrm{MC,I}} = \frac{\sigma_{\mathrm{V}} + C_0\cot^2\beta - 2\eta p_0 - 4\nu\frac{1-\nu_u}{1-\nu}S_0}{1-2\eta} \tag{2.49}$$

$$p_w < p_{\mathrm{MC,S}} = \frac{\sigma_{\mathrm{V}} + C_0\cot^2\beta - 2\eta p_0 - 4\nu_u S_0 + \frac{4}{3}B(1+\nu_u)S_0(1-\cot^2\beta)}{1-2\eta}$$

$$(2.50)$$

$$p_w < p_{\mathrm{MC,L}} = \frac{\sigma_{\mathrm{V}} + C_0 \cot^2 \beta - 2\eta p_0 - 4\nu S_0}{1 - 2\eta} \tag{2.51}$$

此情况下可证：

$$p_{b\mathrm{H,L}} < p_{b\mathrm{H,I}}$$

但是 $p_{b\mathrm{H,L}}$ 与 $p_{b\mathrm{H,S}}$ 之间的关系更复杂一些：它们的大小取决于 $4(\nu_u - \nu) - 4B(1 + \nu_u)(1 - \cot^2 \beta)/3$ 的符号。因而在情况 e 有两个准则需要校核：式 (2.50) 中的短时解和式 (2.51) 中的长时解。

2.5.2.6　情况 f　$\sigma_{zz} \geqslant \sigma_{rr} \geqslant \sigma_{\theta\theta}$

情况 f 也可以得到三个临界压力，但与之前情况不同的是，情况 f 的不等式化简中需要面对分母符号不确定的问题。即下面求得的临界工作压力是最大值还是最小值取决于

$$D_0 = 2 - 2\eta - (1 - 2\eta) \tan^2 \beta \tag{2.52}$$

的符号。此外定义下面的辅助记号以简化表达式：

$$F_0 = -C_0 + 2P_0 - p_0 + (2\eta p_0 - \sigma_{\mathrm{V}}) \tan^2 \beta \tag{2.53}$$

最终可得三个临界压力表达式为

$$D_0 p_w > D_0 p_{\mathrm{MC,I}} = F_0 + 4\frac{1 - \nu_u}{1 - \nu} \left| 1 - \nu \tan^2 \beta \right| S_0 \tag{2.54}$$

$$D_0 p_w > D_0 p_{\mathrm{MC,S}} = F_0 + 4 \left| 1 - \nu_u \tan^2 \beta + \frac{1}{3} B(1 + \nu_u)(\tan^2 \beta - 1) \right| S_0 \tag{2.55}$$

$$D_0 p_w > D_0 p_{\mathrm{MC,L}} = F_0 + 4 \left| 1 - \nu \tan^2 \beta \right| S_0 \tag{2.56}$$

讨论不等式分支过于复杂，此处只表述结论：

(1) 临界破坏位置 θ 取决于 $[1 - \nu \tan^2 \beta]$ 或 $[1 - \nu_u \tan^2 \beta + B(1 + \nu_u)(\tan^2 \beta - 1)/3]$ 的符号：即破坏位置总取 $\cos 2\theta$ 和绝对值记号 $|\cdots|$ 中表达式值的正负符号相同的方向，因而三个解对应的破坏位置可能不同；

(2) 临界压力为上界还是下界取决于 D_0 的符号：

- 当 $D_0 > 0$ 时，则求得三者为最小许可压力，且有

$$p_{\mathrm{MC,L}} > p_{\mathrm{MC,I}}$$

$$p_{\mathrm{MC,S}} > p_{\mathrm{MC,L}} \iff \frac{1}{3}B(1+\nu_u)(\tan^2\beta - 1) > (\nu_u - \nu)\tan^2\beta$$

故此时短时解 (式 (2.55)) 和长时解 (式 (2.56)) 都有可能成为临界压力。

- 当 $D_0 < 0$ 时，则求得三者均为最大许可压力，且有

$$p_{\mathrm{MC,S}} < p_{\mathrm{MC,L}} < p_{\mathrm{MC,I}}$$

故此时短时解 (式 (2.55)) 为临界压力。

在实际工程应用中，鉴于本情况有太多分支需要考虑，本书建议工程师直接求出 D_0 的值，并代入式 (2.54) ～ 式 (2.56) 中直接分析具体的不等式应当取最大值还是最小值，以此确定工作压力的许可范围。

2.5.3　井眼许可工作压力

对于 2.5.1 节和 2.5.2 节中得到的各种拉伸和剪切情况下井眼工作压力的破坏类型 (即情况 1) 和情况 2)，以及情况 a ～ 情况 f)，本节将其总结在了表 2.1 中。通过该表可以直接查阅某种破坏类型所对应的临界破坏压力、破坏时间、破坏位置，以及该临界压力是上界还是下界。对于

表 2.1　各向同性本构模型中
关于八种破坏模式的发生位置、时间、类型总结

失效情况		临界压力	压力限制类型	破坏位置
拉伸破坏	1) 竖直截面	长时解式 (2.32)	最大值	$\theta = \frac{\pi}{2},\ \frac{3\pi}{2}$
	2) 水平截面	长时解式 (2.36)	最大值	$\theta = \frac{\pi}{2},\ \frac{3\pi}{2}$
剪切破坏	a　$\sigma_{rr} \geqslant \sigma_{zz} \geqslant \sigma_{\theta\theta}$	短时解式 (2.38)	最小值	$\theta = 0,\ \pi$
	b　$\sigma_{rr} \geqslant \sigma_{\theta\theta} \geqslant \sigma_{zz}$	短时解式 (2.41)	最小值	$\theta = 0,\ \pi$
	c　$\sigma_{\theta\theta} \geqslant \sigma_{rr} \geqslant \sigma_{zz}$	长时解式 (2.45)	最大值	$\theta = \frac{\pi}{2},\ \frac{3\pi}{2}$
	d　$\sigma_{\theta\theta} \geqslant \sigma_{zz} \geqslant \sigma_{rr}$	长时解式 (2.48)	最大值	$\theta = \frac{\pi}{2},\ \frac{3\pi}{2}$
	e　$\sigma_{zz} \geqslant \sigma_{\theta\theta} \geqslant \sigma_{rr}$	短时解式 (2.50) / 长时解式 (2.51)	最大值	$\theta = \frac{\pi}{2},\ \frac{3\pi}{2}$
	f　$\sigma_{zz} \geqslant \sigma_{rr} \geqslant \sigma_{\theta\theta}$	短时解式 (2.55)	最小值	$\theta = 0,\ \pi$
		长时解式 (2.56)	最大值	$\theta = \frac{\pi}{2},\ \frac{3\pi}{2}$

情况 e 和情况 f，选择短时解还是长时解则依赖于具体的材料常数，详见 2.5.2.5 节和 2.5.2.6 节中的讨论。

另一方面，为方便工程师查阅，这里也给出了表 2.1 中对应的具体临界破坏工作压力表达式的总结表，见表 2.2。表中 D_0, F_0 的定义见式 (2.52) 和式 (2.53)。

将表 2.2 中各个限制条件不等式综合起来，就得到了井眼工作压力的许可区域。例如，可以在保持 $p_0 : P_0$ 和 $S_0 : \sigma_V$ 比例的前提下，观察 p_w 的许可范围是如何随 P_0 变化的，如图 2.9 所示。

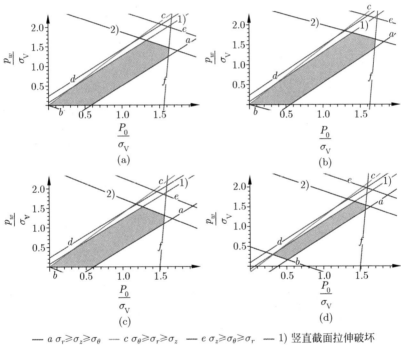

—— a $\sigma_r \geqslant \sigma_z \geqslant \sigma_\theta$　—— c $\sigma_\theta \geqslant \sigma_r \geqslant \sigma_z$　—— e $\sigma_z \geqslant \sigma_\theta \geqslant \sigma_r$　—— 1) 竖直截面拉伸破坏
—— b $\sigma_r \geqslant \sigma_\theta \geqslant \sigma_z$　—— d $\sigma_\theta \geqslant \sigma_z \geqslant \sigma_r$　—— f $\sigma_z \geqslant \sigma_r \geqslant \sigma_\theta$　—— 2) 水平截面拉伸破坏

图 2.9　井眼安全区域随 P_0 变化的过程 (后附彩图)

图中所用参数为 $\nu = 0.12, \nu_u = 0.31, \alpha = 0.65, \eta = 0.28, B = 0.88, C_0 = \sigma_V,$ $T = 0.3\sigma_V, \beta = 60°$。四张图的载荷比例分别为：(a) $p_0 = 0.5P_0, S_0 = 0$；(b) $p_0 = 0.4P_0,$ $S_0 = 0$；(c) $p_0 = 0.6P_0, S_0 = 0$；(d) $p_0 = 0.5P_0, S_0 = 0.05\sigma_V$。

表 2.2　基于各向同性本构模型的井眼许可工作压力总结

失效情况		井眼工作压力许可条件
拉伸破坏	1) 竖直截面	$p_w < p_{bV,L} = \dfrac{T + 2P_0 - 2\eta p_0 - 4S_0}{2(1-\eta)}$
	2) 水平截面	$p_w < p_{bH,L} = \dfrac{T + \sigma_V - 2\eta p_0 - 4\nu S_0}{1 - 2\eta}$
	a　$\sigma_{rr} \geqslant \sigma_{zz} \geqslant \sigma_{\theta\theta}$	$p_w > p_{MC,S} = \dfrac{2P_0 - C_0 - 2\eta p_0 + 4S_0 + \frac{4}{3}B(1+\nu_u)S_0(\tan^2\beta - 1)}{2(1-\eta)}$
	b　$\sigma_{rr} \geqslant \sigma_{\theta\theta} \geqslant \sigma_{zz}$	$p_w > p_{MC,S} = \dfrac{\sigma_V - C_0 - 2\eta p_0 + 4\nu_u S_0 + \frac{4}{3}B(1+\nu_u)S_0(\tan^2\beta - 1)}{1 - 2\eta}$
	c　$\sigma_{\theta\theta} \geqslant \sigma_{rr} \geqslant \sigma_{zz}$	$p_w < p_{MC,L} = \dfrac{-\sigma_V + C_0 - 2\eta(\tan^2\beta - 1)p_0 + 2P_0\tan^2\beta - 4(\tan^2\beta - \nu)S_0}{2(1-\eta)(\tan^2\beta - 1) + 1}$
剪切破坏	d　$\sigma_{\theta\theta} \geqslant \sigma_{zz} \geqslant \sigma_{rr}$	$p_w < p_{MC,L} = \dfrac{2P_0 + C_0\cot^2\beta - 2\eta p_0 - 4S_0}{2(1-\eta)}$
	e　$\sigma_{zz} \geqslant \sigma_{\theta\theta} \geqslant \sigma_{rr}$	$p_w < p_{MC,S} = \dfrac{\sigma_V + C_0\cot^2\beta - 2\eta p_0 - 4\nu_u S_0 + \frac{4}{3}B(1+\nu_u)S_0(1 - \cot^2\beta)}{1 - 2\eta}$ $p_w < p_{MC,L} = \dfrac{\sigma_V + C_0\cot^2\beta - 2\eta p_0 - 4\nu S_0}{1 - 2\eta}$
	f　$\sigma_{zz} \geqslant \sigma_{rr} \geqslant \sigma_{\theta\theta}$	$D_0 p_w > D_0 p_{MC,S} = F_0 + 4\left\|1 - \nu_u\tan^2\beta + \frac{1}{3}B(1+\nu_u)(\tan^2\beta - 1)\right\| S_0$ $D_0 p_w > D_0 p_{MC,L} = F_0 + 4\left\|1 - \nu\tan^2\beta\right\| S_0$

许可井眼压力取决于 $P_0, S_0, p_0, C_0, T, \sigma_{\rm V}$，在本节中为了方便画图展示，上述量都被除以了 $\sigma_{\rm V}$ 而实现无量纲化。此外，为了在图像上展示具体的许可压力区域，使用了以下一组 Ruhr 砂岩的岩石材料参数[7]：

$$G = 13.3\,{\rm GPa}, \quad \nu = 0.12, \quad \nu_u = 0.31, \quad \alpha = 0.65 \qquad (2.57)$$

对于式 (2.57)，可由式 (1.62) 和式 (1.63) 求得材料中 $\eta = 0.28, B = 0.88$。选取了 $C_0 = \sigma_{\rm V}, T = 0.3\sigma_{\rm V}, \beta = 60°$ 作为材料的强度属性。对于上述给定的材料参数，根据前文所给出的不等式条件，拉伸破坏的临界解 (式 (2.32) 和式 (2.36)) 和剪切破坏的临界解 (式 (2.38)，式 (2.41)，式 (2.45)，式 (2.48)，式 (2.51) 和式 (2.55)) 分别被选为了最危险的校核相关不等式。图 2.9 中的四幅图像分别选用了以下四种不同的载荷比例：

(a) $p_0 = 0.5P_0$, $S_0 = 0$；

(b) $p_0 = 0.4P_0$, $S_0 = 0$；

(c) $p_0 = 0.6P_0$, $S_0 = 0$；

(d) $p_0 = 0.5P_0$, $S_0 = 0.05\sigma_{\rm V}$。

当拉伸强度 T 提高时，拉伸破坏直线 1) 和直线 2) 会变得更高。而当单轴压缩强度 C_0 提高时，由六条莫尔库仑准则直线包裹出的六边形会扩张。

作为例子，从图 2.9 (d) $p_0 = 0.5P_0$, $S_0 = 0.05\sigma_{\rm V}$ 中可以看出，如果此时地应力 $P_0 = 0.5\sigma_{\rm V}$，则有井内壁工作压力范围 $0.172 \leqslant p_w/\sigma_{\rm V} \leqslant 0.528$，其中下界为与 σ'_{rr} 和 σ'_{zz} 有关的水平面剪切破坏，而上界为竖直截面拉伸破坏。此外，在分析中也会注意到，某些载荷条件下是不存在井眼工作压力安全区的，且安全压力的范围对于偏斜应力 S_0 非常敏感。例如，对于图 2.9 (d)，当 $P_0 = 1.8\sigma_{\rm V}$ 时，井眼对于任何加载工作压力都会发生破坏。

2.6　与他人结果对比

对于 2.5.1 节和 2.5.2 节中得到的关于各向同性井眼校核问题的临界载荷，本节将把它们与之前他人对于类似问题的研究分析结果进行比较。

Rice 与 Cleary [7] 对于井眼校核问题，研究了没有地应力情况下的井周应力变化。该文章第一次介绍了与本章所提出的短时解类似的概念。

Rice 与 Cleary [7] 把 Muskhelishvili [26] 的平面复分析应力求解方法从弹性胡克材料推广到多孔弹性 Biot 材料。但是对于井眼问题，他们仅考虑了竖直裂纹拉伸破坏的情况。且他们的分析方案只对轴对称问题有效，因而偏斜地应力 S_0 的影响无法通过 Rice 与 Cleary [7] 提出的方案进行分析。

Detournay 与 Cheng [29] 通过拉普拉斯变换分析了钻井问题，并使用数值逆变换的方法指出了多孔弹性本构在井眼问题中应用的必要性。对于竖直截面拉伸破坏的问题，他们也得到了和本节所给出的长时解 (式 (2.32)) 一样的临界工作压力，即 Haimson-Fairhurst 解[27]。对于使用莫尔库仑准则的剪切破坏情况，他们未能给出解析表达式，但针对情况 a ($\sigma_{rr} \geqslant \sigma_{zz} \geqslant \sigma_{\theta\theta}$) 进行了数值分析，并判定此时可能出现岩石内部比井壁边界附近更先被破坏的情况。经过仔细分析检查，我们判断这是 Detournay 与 Cheng [29] 对莫尔平面上应力曲线的错误分析结果。实际上，在他们所给的莫尔平面分析结果中，破坏也应当是从井壁边界处先发生的。本书在分析井眼问题时，由于理论本身的局限性，求解时假设了应力波波速是无穷大的，且求解得到的结果在瞬时 ($t = 0^+$) 是间断的，这些都与真实的物理情况不符。因而在实际问题中，井眼破坏发生的位置可能在井壁的邻近域内。本书作者也不排除井眼可能在岩石内部临近井壁的某处先破坏的可能性。

Fjaer 等人[13] 总结了不考虑孔隙压力的经典弹性本构模型中的拉伸破裂压力和剪切破坏压力临界值表，并尝试将该结果扩展到多孔弹性本构模型中。为了求解方程，他们在其中引入了额外的假设来使问题解耦，即绪论 2.1 节中描述的假设孔隙压力为常数的方案，该方案实际上得到了问题的长时解。对于轴对称问题下的情况 a ($\sigma_{rr} \geqslant \sigma_{zz} \geqslant \sigma_{\theta\theta}$) 和情况 b ($\sigma_{rr} \geqslant \sigma_{\theta\theta} \geqslant \sigma_{zz}$)，他们给出的临界最小许可工作压力和本节求得的长时解结果式 (2.39) 和式 (2.42) 相同。但正如在 2.5.2.1 节和 2.5.2.2 节中指出的，对于这两种情况，实际上短时解 ($t \approx 0^+$) 才是最危险的。

因而，本章所给出的对于两种拉伸破坏和六种剪切破坏模式，考虑了瞬时、短时、长时三种不同时刻下的井壁许可压力范围，是目前最全面的基于多孔弹性本构模型的安全校核方案。

对于与经典弹性解的分析结果进行比较，限于篇幅关系，本章将在横观各向同性本构模型中的 4.2.3 节中给出，而对于各向同性本构模型的相关分析就暂且略去。

　　只分析三个特殊时刻和位置的解析解来做安全校核可能会偏于危险。为了证明本章结果的可靠性，本书也使用拉普拉斯数值逆变换的方法分析了该井眼问题，具体结果见 4.3 节，该节内容直观展示了为何本章认为只有瞬时、短时、长时三者是最危险的情况。出于篇幅考虑，略去了针对完全各向同性多孔弹性本构的数值逆变换分析，读者可参考 4.3 节中基于横观各向同性本构的分析结果。尽管 4.3 节是以横观各向同性本构为例进行说明的，但它也很容易退化到各向同性本构模型中。

第 3 章　各向异性多孔弹性本构模型

本章将以各向异性的角度重新完整构建充液多孔弹性本构模型。作为对比，读者可参考第 1 章中关于各向同性多孔弹性本构的建立过程，这有助于理解将各向同性材料中的常数推广到各向异性材料的依据，也可分析出各向异性本构中新添加的量。

本章将仔细讨论固体骨架中不连通的流体部分带来的影响，并讨论前人关于各向异性多孔弹性本构的经典文献中引入的不同假设带来的区别。本章还将验证各向异性本构模型退化到最简单的一种各向异性模型——横观各向同性本构模型的结果。

本章不但能加深读者对多孔弹性本构模型本身的理解，也为第 4 章中有关横观各向同性多孔介质中的井眼校核打下基础。横观各向同性本构模型是各向异性本构模型的特例，其中部分结论可以从各向异性的结论中加以简化，但难以从完全各向同性本构的结论中推导出来。

与第 1 章类似，本章采用张量形式书写，但是对于不熟悉张量记号的读者，本章也在各式后附上了在笛卡儿坐标系中使用分量形式表达的对应公式。

3.1　各向异性多孔弹性本构模型的建立

本节研究最一般的各向异性多孔介质材料。

如在第 1 章分析各向同性本构模型时所述，对于一个多孔弹性材料，它的介质 Ω 中存在三部分：固体部分、不连通的流体孔隙部分和连通的流体孔隙部分，如图 3.1①所示。此外，不连通的流体部分也被视为固体

---

① 实际物体中包含大量的孔隙，图 3.1 表示代表性的微元，为了说明本构模型。

部分中的**液岛**。通过将前两部分 (固体与不连通的流体) 定义为**固体骨架** Ω_s，将第三部分定义为孔隙部分 Ω_p，并假设所有的连通孔隙中都充满了流体，就可以得到

$$\Omega = \Omega_s \cup \Omega_p \tag{3.1}$$

这与 1.1.2 节中的描述一致。记 $\partial\Omega$ 为 Ω 的边界，并假设 Ω_p 内所有点都可以通过完全在 Ω_p 内的路径与 $\partial\Omega$ 连通。而 $\partial\Omega$ 被看作可渗流的边界。

为了讨论本构模型，本章把图 3.1 当作材料的代表性微元。应力增量 $\boldsymbol{\sigma}$ 在 Ω 内是自平衡的 ($\nabla \cdot \boldsymbol{\sigma} = 0$)，且孔隙流体压力增量 p 在微元 Ω_p 中为常数 ($p \equiv$ 常数)。

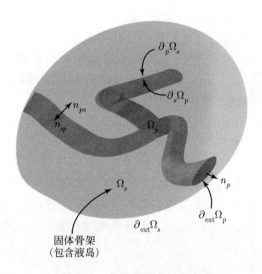

图 3.1 多孔弹性介质示意图

本章延续第 1 章中的定义，用 $\boldsymbol{\sigma}$ 表示应力增量，用 $\boldsymbol{\epsilon}$ 表示对应的应变增量，它们都表示在某个多孔充液弹性初始状态下需叠加的增量。

基于 Hill[34] 的体积平均应力增量 $\bar{\boldsymbol{\sigma}}$ 的定义，Thompson 与 Willis [8]

将 $\bar{\boldsymbol{\sigma}}$ 表达为在 $\partial\Omega$ 上与面力 $\boldsymbol{n}\cdot\boldsymbol{\sigma}$ 有关的面积分 [①]:

$$\bar{\boldsymbol{\sigma}} = \frac{1}{|\Omega|}\int_{\Omega}\boldsymbol{\sigma}\,\mathrm{d}\Omega = \frac{1}{|\Omega|}\int_{\partial\Omega}\boldsymbol{n}\cdot\boldsymbol{\sigma}\boldsymbol{x}\,\mathrm{d}s \qquad (3.2)$$

式中，$|\Omega|$ 表示 Ω 的体积，$\boldsymbol{x}$ 表示 $\partial\Omega$ 上各点的位置矢量，$\mathrm{d}s$ 是 $\partial\Omega$ 的面微元，上划横线 "$-$" 表示量的平均。

但与平均应力 $\bar{\boldsymbol{\sigma}}$ 的定义式 $(3.2)_1$ 不同的是，本章不将平均应变增量 $\bar{\boldsymbol{\epsilon}}$ 定义为 Ω 上的应变 $\boldsymbol{\epsilon}$ 的体积平均，即

$$\frac{1}{|\Omega|}\int_{\Omega}\boldsymbol{\epsilon}\,\mathrm{d}\Omega$$

而为了避免构建在 $\Omega = \Omega_s \cup \Omega_p$ 上的位移增量 $\boldsymbol{u}$ 和应变 $\boldsymbol{\epsilon}$ 的分布细节，也为了构建本构方程，本章假设 [②]:

$$\begin{aligned} \boldsymbol{u}\Big|_{\partial_{\mathrm{ext}}\Omega_s} &= \bar{\boldsymbol{\epsilon}}\cdot\boldsymbol{x}, \\ u_i\Big|_{\partial_{\mathrm{ext}}\Omega_s} &= \bar{\epsilon}_{ij}x_j \end{aligned} \qquad (3.3)$$

这意味着边界位移 $\boldsymbol{u}\big|_{\partial_{\mathrm{ext}}\Omega_s}$ 与一个固定平均应变相协调。式 (3.3) 中 $\partial_{\mathrm{ext}}\Omega_s$ 表示 Biot 介质微元固体骨架材料的外边界，即边界中不与内部连通孔隙接触的部分。实际上，在边界上 $\partial_{\mathrm{ext}}\Omega_s$ 以外剩下的部分 $\partial_{\mathrm{ext}}\Omega_p$ 都是流体，而孔隙 Ω_p 中哪些点被认为是 $\partial_{\mathrm{ext}}\Omega_p$ 的确切位置并不明确，如图 3.1所示。关于该记号的详细定义和讨论见附录 C 中定理 C.3 关于多孔弹性本构中 Betti 定理的证明的开头部分。

本章接下来将基于式 (3.2) 和式 (3.3) 定义的平均应力与应变来构建多孔弹性本构模型。这与第 1 章中不加区分地都使用符号 $\boldsymbol{\sigma}$ 和 $\boldsymbol{\epsilon}$ 有所区别。上划横线 "$-$" 的引入只是为了便于读者理解，在第 4 章中讨论横观各向同性井眼问题时，依然会去掉该平均标志。

[①] 当无体积力作用时，由平衡方程式 (1.90)，$\nabla\cdot\boldsymbol{\sigma}=0$，即 $\sigma_{ij,j}=0$，可以证明式 (3.2) 中的两个表达式相等。式 (3.2) 的第二个等式同 Thompson 与 Willis [8](613 页，式 (1)) 中的定义等价。而在后续分析中，Thompson 与 Willis [8](614 页，式 (6)) 与 Cheng [18](201 页，式 (25)) 则对张量 $\bar{\boldsymbol{\sigma}}$(即对每个分量 $\bar{\sigma}_{ij}$) 采用了式 (3.2) 的第一种表达。

[②] Thompson 与 Willis [8] 假设 $\boldsymbol{u}=\bar{\boldsymbol{\epsilon}}\cdot\boldsymbol{x}$ 对于所有的外边界都成立，即 $\partial_{\mathrm{ext}}\Omega = \partial_{\mathrm{ext}}\Omega_s \cup \partial_{\mathrm{ext}}\Omega_p$。但经过仔细检查，可发现只需假设边界上的 $\partial_{\mathrm{ext}}\Omega_s$ 部分满足该条件，更多细节见附录 C。

对于线性增量行为 [①]，可以合理地定义四阶张量 $\boldsymbol{M}$ 和二阶张量 $\boldsymbol{m}$ 使得

$$\bar{\boldsymbol{\epsilon}} = \boldsymbol{M} : \bar{\boldsymbol{\sigma}} + (\boldsymbol{M} : \boldsymbol{\delta} - \boldsymbol{m})\, p,$$
$$\bar{\epsilon}_{ij} = M_{ijkl}\bar{\sigma}_{kl} + \left(M_{ijkl}\delta_{kl} - m_{ij}\right) p \tag{3.4}$$

式中，$\boldsymbol{M}$ 表示**全渗状态** $(p=0)$ 下的四阶柔度张量 [②]：

$$\boldsymbol{M} = \left.\frac{\partial \bar{\boldsymbol{\epsilon}}}{\partial \bar{\boldsymbol{\sigma}}}\right|_{p=0},$$
$$M_{ijkl} = \left.\frac{\partial \bar{\epsilon}_{ij}}{\partial \bar{\sigma}_{kl}}\right|_{p=0} \tag{3.5}$$

而 $\boldsymbol{m}$ 表示当介质不加额外封套而直接暴露在压力为 p 的流体中时 (**无封套**，即 $\bar{\boldsymbol{\sigma}} = -p\boldsymbol{\delta}$)，应变增量随压力变化的导数：

$$\boldsymbol{m} = -\left.\frac{\partial \bar{\boldsymbol{\epsilon}}}{\partial p}\right|_{\bar{\boldsymbol{\sigma}} = -p\boldsymbol{\delta}},$$
$$m_{ij} = -\left.\frac{\partial \bar{\epsilon}_{ij}}{\partial p}\right|_{\bar{\sigma}_{kl} = -p\delta_{kl}} \tag{3.6}$$

式 (3.6) 表明 $\bar{\boldsymbol{\epsilon}}$ 对 p 求导时必须保证无封套状态，$\bar{\boldsymbol{\sigma}} + p\boldsymbol{\delta} = 0$，即要求 $\bar{\boldsymbol{\sigma}}$ 陪着 p 按此条件变化，此时式 (3.4) 简化为 $\bar{\boldsymbol{\epsilon}} = -\boldsymbol{m}p$。在各向同性模型中，式 (3.4) 被写作式 (1.9)。

显然，由于应力 $\bar{\sigma}_{ij}$ 与应变 $\bar{\epsilon}_{ij}$ 的对称性，m_{ij} 与 M_{ijkl} 应当对于下标 i 与 j，k 与 l 对称。另一方面，由于希望得到一个在 Ω 上可逆的弹性本构模型 (式 (3.4))，存储在介质 Ω 中的弹性能应当与应变空间中的加载路径无关，这意味着弹性柔度张量 M_{ijkl} 也应当对于**下标对** (i,j) 与 (k,l) 对称 (文献中习惯称为 "Voigt 对称"，见文献 [17])，因而要求

$$M_{ijkl} = M_{klij}, \quad 即 \quad \boldsymbol{M} = \boldsymbol{M}^{\mathrm{T}} \tag{3.7}$$

[①] 在线性理论的框架下，式 (3.4) 是张量函数 $\bar{\boldsymbol{\epsilon}}(\bar{\boldsymbol{\sigma}}, p)$ 最广泛的形式。

[②] 在全渗状态下，微元内处处液压 $p = 0$，该材料相当于处在一个多孔但连通孔隙中不含流体的状态，并整体表现为各向异性的胡克弹性材料。在本书第 3 章和第 4 章中，$\boldsymbol{L}$ 与 $\boldsymbol{M}$ 分别表示这种状态下的各向异性胡克弹性材料的弹性刚度与柔度张量。

在本章之后的内容中，称四阶张量"Voigt 对称"（或简称"对称"）时，表达的都是式 (3.7) 所示的 Voigt 第三对称性的含义。

下面从另一角度考察式 (3.4)。通过定义有效应力 $\bar{\boldsymbol{\Sigma}}$，式 (3.4) 可被重写为

$$
\begin{aligned}
\bar{\boldsymbol{\epsilon}} = \boldsymbol{M} : \bar{\boldsymbol{\Sigma}}, \qquad & \bar{\boldsymbol{\Sigma}} = \boldsymbol{L} : \bar{\boldsymbol{\epsilon}} \\
\bar{\epsilon}_{ij} = M_{ijkl}\bar{\Sigma}_{kl}, \qquad & \bar{\Sigma}_{ij} = L_{ijkl}\bar{\epsilon}_{kl}
\end{aligned}
\tag{3.8}
$$

式中，有效应力 $\bar{\boldsymbol{\Sigma}}$ 定义为

$$
\begin{aligned}
\bar{\boldsymbol{\Sigma}} &= \bar{\boldsymbol{\sigma}} + \boldsymbol{\alpha}p, \\
\bar{\Sigma}_{ij} &= \bar{\sigma}_{ij} + \alpha_{ij}p
\end{aligned}
\tag{3.9}
$$

$\bar{\boldsymbol{\Sigma}}$ 为 Biot 有效应力，$\boldsymbol{\alpha}$ 为 Biot 有效应力系数张量：

$$
\begin{aligned}
\boldsymbol{\alpha} &= \boldsymbol{\delta} - \boldsymbol{L} : \boldsymbol{m}, \\
\alpha_{ij} &= \delta_{ij} - L_{ijkl}m_{kl}
\end{aligned}
\tag{3.10}
$$

可见 $\boldsymbol{\alpha}$ 如 $\boldsymbol{m}$ 一样是二阶对称的。式 (3.10) 中 $\boldsymbol{L} = \boldsymbol{M}^{-1}$ 为四阶刚度张量，$\boldsymbol{L}$ 为 $\boldsymbol{M}$ 之逆 (见文献 [17])，满足：

$$
\boldsymbol{L} : \boldsymbol{M} = \boldsymbol{M} : \boldsymbol{L} = \boldsymbol{I}^{\circled④}
\tag{3.11}
$$

这里 $\boldsymbol{I}^{\circled④}$ 为四阶等同张量 (identity tensor)：

$$
I^{\circled④}_{ijkl} = \frac{1}{2}\left(\delta_{ik}\delta_{jl} + \delta_{jk}\delta_{il}\right)
\tag{3.12}
$$

$\boldsymbol{I}^{\circled④}$ 具有性质：对任意的二阶张量 $\boldsymbol{a}$，

$$
\begin{aligned}
\boldsymbol{I}^{\circled④} : \boldsymbol{a} &= \mathrm{sym}\,\boldsymbol{a} = \frac{1}{2}\left(\boldsymbol{a} + \boldsymbol{a}^{\mathrm{T}}\right), \\
I^{\circled④}_{ijkl}a_{kl} &= \frac{1}{2}\left(a_{ij} + a_{ji}\right)
\end{aligned}
\tag{3.13}
$$

如果 $\boldsymbol{a}$ 为对称，$a_{ij} = a_{ji}$，则 $\mathrm{sym}\,\boldsymbol{a}$ 就是 $\boldsymbol{a}$ 自身。

因为 $\boldsymbol{M}$ 为 Voigt 对称，可证 $\boldsymbol{L}$ 也为 Voigt 对称。利用式 (3.10)，本构方程式 (3.4) 被 $\boldsymbol{L}$ 双点积左乘后可得

$$
\begin{aligned}
\bar{\boldsymbol{\sigma}} &= \boldsymbol{L} : \bar{\boldsymbol{\epsilon}} - \boldsymbol{\alpha}p, \\
\bar{\sigma}_{ij} &= L_{ijkl}\bar{\epsilon}_{kl} - \alpha_{ij}p
\end{aligned}
\tag{3.14}
$$

与 1.1.1 节中对于各向同性本构模型的讨论对比可知，Biot 有效应力

式 (3.9) 就是式 (1.14) 的直接推广，而二阶张量 $\boldsymbol{\alpha}$ 就是各向同性模型中 Biot 有效应力系数 α 的推广。

使用 $\boldsymbol{M}$ 双点积左乘式 (3.10)，$\boldsymbol{\alpha}$ 和 $\boldsymbol{m}$ 的逆关系可表达为

$$\begin{aligned} \boldsymbol{m} &= \boldsymbol{M} : (\boldsymbol{\delta} - \boldsymbol{\alpha}), \\ m_{ij} &= M_{ijkl}(\delta_{kl} - \alpha_{kl}) \end{aligned} \tag{3.15}$$

引入有效应力 $\boldsymbol{\Sigma}$ 简化了本构方程式 (3.4)，使得多孔弹性本构关系更易被理解，而有效应力系数张量 $\boldsymbol{\alpha}$ 也多见于其他文章和专著 [10,12–13,18]。

另一方面，对于含有液岛的固体骨架 Ω_s 部分，也可定义其中的平均应力张量和应变张量为

$$\bar{\boldsymbol{\sigma}}^s = \frac{1}{|\Omega_s|} \int_{\Omega_s} \boldsymbol{\sigma} \, \mathrm{d}\Omega_s \tag{3.16}$$

$$\bar{\boldsymbol{\epsilon}}^s = \frac{1}{|\Omega_s|} \int_{\Omega_s} \boldsymbol{\epsilon} \, \mathrm{d}\Omega_s \tag{3.17}$$

由体积平均应力的定义式 (3.2)，应当有

$$\bar{\boldsymbol{\sigma}} = (1 - \varphi_0) \, \bar{\boldsymbol{\sigma}}^s - \varphi_0 p \boldsymbol{\delta} \tag{3.18}$$

式中，$\varphi_0 = V_{p0}/V_0$ 是孔隙比，定义与各向同性本构模型中的式 (1.21) 相同。此处要建立的是线性弹性理论；由于此处应力增量都属于一阶小量，因此使用初始孔隙比 φ_0，以避免二阶小量的出现。

为了不失一般性，$\bar{\boldsymbol{\sigma}}^s$ 依赖于 $\bar{\boldsymbol{\epsilon}}^s$ 和 p 的关系也可以用和式 (3.4) 相似的方式来表述[①]，只需将其中的材料属性张量 $\boldsymbol{M}$ 和 $\boldsymbol{m}$ 替换为 $\boldsymbol{M}^s$ 和 $\boldsymbol{m}^s$：

$$\begin{aligned} \bar{\boldsymbol{\epsilon}}^s &= \boldsymbol{M}^s : \bar{\boldsymbol{\sigma}}^s + (\boldsymbol{M}^s : \boldsymbol{\delta} - \boldsymbol{m}^s) \, p, \\ \bar{\epsilon}_{ij}^s &= M_{ijkl}^s \bar{\sigma}_{kl}^s + \left(M_{ijkk}^s - m_{ij}^s \right) p \end{aligned} \tag{3.19}$$

但其中 $\boldsymbol{M}^s$ 的分量 M_{ijkl}^s 只需要对于下标 i 与 j，k 与 l 对称，而不需要对于 (i,j) 与 (k,l) 对称，即不需要 Voigt 对称：

$$M_{ijkl}^s \neq M_{klij}^s, \quad \text{即} \quad \boldsymbol{M}^s \neq \boldsymbol{M}^{s\mathrm{T}} \tag{3.7}^s$$

这和式 (3.7) 中 $\boldsymbol{M}$ 满足 $\boldsymbol{M} = \boldsymbol{M}^{\mathrm{T}}$ 不同。

---

① Thompson 与 Willis [8] 强调：式 (3.19) 可以看作 M^s 与 m^s 的定义式，即便固体骨架为非均匀的 (即含有液岛)。也可以把式 (3.19) 看作含有分布液岛的固体骨架，经过连续平均化后成为均匀材料的本构关系。

如果固体骨架是均匀的 (即不含液岛)，则 M^s 是固体骨架的柔度张量，且骨架中满足 $\bar{\epsilon}^s = M^s : \bar{\sigma}^s$，$M^s$ 也应当是 Voigt 对称的 ($M^s = M^{s\mathrm{T}}$，此处四阶张量对称性定义参考式 (3.7) 及其下的说明，指 Voigt 对称性)。将 $\bar{\epsilon}^s = M^s : \bar{\sigma}^s$ 与式 (3.19) 对比可得式 (3.19) 的第二项为零，故：

$$
\begin{aligned}
& \boldsymbol{m}^s = \boldsymbol{M}^s : \boldsymbol{\delta}, \\
& \boldsymbol{M}^s = \boldsymbol{M}^{s\mathrm{T}}, \\
& m^s_{ij} = M^s_{ijkk}, \\
& M^s_{ijkl} = M^s_{klij}
\end{aligned}
\qquad \text{(对均匀固体骨架成立)} \qquad (3.20)
$$

反之，若固体骨架是不均匀的 (即包含液岛)，式 (3.19) 就是非均匀固体骨架中 M^s 和 m^s 的实际定义。Thompson 与 Willis [8] 挑战了 M^s 的 Voigt 对称性，而很多文章[35-37] 的结果实际上只对均匀骨架适用。Thompson 与 Willis [8] 也是第一次提出，由于固体骨架的非均匀性，弹性柔度张量 M^s 一般是非对称的，即 $M^s \neq M^{s\mathrm{T}}$，当然也不排除在某些特殊的非均匀情况下，出现 $M^s = M^{s\mathrm{T}}$。

无论固体骨架均匀与否，本章都假设 Betti 恒等式成立，即

$$
\begin{aligned}
& \int_{\partial\Omega_s} (\boldsymbol{\sigma}_1 \cdot \boldsymbol{n}) \cdot \boldsymbol{u}_2 \, \mathrm{d}s = \int_{\partial\Omega_s} (\boldsymbol{\sigma}_2 \cdot \boldsymbol{n}) \cdot \boldsymbol{u}_1 \, \mathrm{d}s, \\
& \int_{\partial\Omega_s} n_j \sigma^{(1)}_{ij} u^{(2)}_i \, \mathrm{d}s = \int_{\partial\Omega_s} n_j \sigma^{(2)}_{ij} u^{(1)}_i \, \mathrm{d}s
\end{aligned}
\qquad (3.21)
$$

式中，$\partial\Omega_s$ 表示 Ω_s 的边界，$\boldsymbol{u}_1$ 和 $\boldsymbol{u}_2$ 分别是与 $\boldsymbol{\sigma}_1$ 和 $\boldsymbol{\sigma}_2$ 相关的位移增量，$\boldsymbol{n}$ 是 $\partial\Omega_s$ 的单位外法矢量。

在本书的附录 C 中，定理 C.4，即多孔弹性中的 Betti 逆定理将会证明，如果式 (3.21) 对于非均匀的固体骨架中任意的 $\{\boldsymbol{u}_1, \boldsymbol{\sigma}_1\}$ 与 $\{\boldsymbol{u}_2, \boldsymbol{\sigma}_2\}$ 都成立，则有 $\boldsymbol{M} = \boldsymbol{M}^{\mathrm{T}}$ (即式 (3.7))，而且

$$
\begin{aligned}
& \boldsymbol{m} = \boldsymbol{\delta} : \boldsymbol{M}^s, \\
& m_{ij} = M^s_{kkij}
\end{aligned}
\qquad (3.22)
$$

这意味着多孔弹性中的 Betti 恒等式 (3.21) 与 M^s 的对称性 (式 (3.20)$_2$) 无关。

本书将参照 Thompson 与 Willis[8] 的思路，基于 Betti 恒等式 (3.21) 构建本构模型。因此将接受式 (3.7) $M = M^{\mathrm{T}}$ 与式 (3.22) $m = \delta : M^s$，但拒绝式 (3.20)。本书接受 m^s 是对称的，但 M^s 未必 Voigt 对称。此外要求 $\{M^s, m^s\}$ 与 M 完全无关。应当注意到 M^s 和 m^s 都是不可测量的材料常数，因为测量它们意味着将骨架材料磨碎，再将其按照骨架材料原本的物性黏结起来，同时保留其中不连通的孔隙 (液岛) 的成分与状态不变。这样得到的黏好的固体块材料相当于去除了连通的孔隙的固体骨架材料，对这个黏好的固体块，才能测量 M^s 和 m^s。而这一系列操作显然都是不现实的。

接下来考察孔隙流体应当满足的性质，由式 (3.18) 和式 (3.19) 消去 $\bar{\sigma}^s$ 可以得到 $\bar{\epsilon}^s(\bar{\sigma}, p)$:

$$
\begin{aligned}
\bar{\epsilon}^s &= \frac{M^s : (\bar{\sigma} + p\delta)}{1 - \varphi_0} - m^s p, \\
\bar{\epsilon}^s_{ij} &= \frac{M^s_{ijkl}(\bar{\sigma}_{kl} + p\delta_{kl})}{1 - \varphi_0} - m^s_{ij} p,
\end{aligned}
\tag{3.23}
$$

另一方面，与式 (3.18) 相类似，对于应变球量应当有

$$
\begin{aligned}
\delta : \bar{\epsilon} &= (1 - \varphi_0)\,\delta : \bar{\epsilon}^s + v, \\
\bar{\epsilon}_{kk} &= (1 - \varphi_0)\,\bar{\epsilon}^s_{kk} + v
\end{aligned}
\tag{3.24}
$$

式中，$v = \Delta V_p / V_0$ 表示孔隙的体积分数增量①，定义在式 (1.22)。因而由式 (1.26b) 和式 (3.24)，可得

$$
\begin{aligned}
\zeta &= \delta : \bar{\epsilon} - (1 - \varphi_0)\,\delta : \bar{\epsilon}^s + \varphi_0 C^f p, \\
\zeta &= \bar{\epsilon}_{kk} - (1 - \varphi_0)\,\bar{\epsilon}^s_{kk} + \varphi_0 C^f p
\end{aligned}
\tag{3.25}
$$

---

① Thompson 与 Willis[8] 定义了如下的孔隙体积分数变化量：

$$
v_{\mathrm{TW}} = \frac{\Delta V_p}{V_{p0}}
$$

可见与本书在式 (1.22) 中的定义相比，两者之间存在比例关系 $v = \varphi_0 v_{\mathrm{TW}}$。另请读者注意的是，在本书作者之前发表的文章 [16] 中，符号 v 沿用了 v_{TW} 的定义。本书为了简化符号，在各式中统一使用 v，而不再使用 v_{TW}。

进一步代入式 (3.4)，式 (3.10)，式 (3.22) 和式 (3.23)，最终由式 (3.25)
可以得到本构方程中的第二式 $\zeta(\bar{\boldsymbol{\sigma}}, p)$:

$$
\begin{aligned}
\zeta &= \boldsymbol{\delta} : (\boldsymbol{M} - \boldsymbol{M}^s) : \bar{\boldsymbol{\sigma}} + C_{\mathrm{CH}} p \\
&= (\boldsymbol{M} : \boldsymbol{\delta} - \boldsymbol{m}) : \bar{\boldsymbol{\sigma}} + C_{\mathrm{CH}} p \\
&= \boldsymbol{\alpha} : \boldsymbol{M} : \bar{\boldsymbol{\sigma}} + C_{\mathrm{CH}} p, \\
\zeta &= \left(M_{kkij} - M_{kkij}^s \right) \bar{\sigma}_{ij} + C_{\mathrm{CH}} p \\
&= \left(M_{ijkk} - m_{ij} \right) \bar{\sigma}_{ij} + C_{\mathrm{CH}} p \\
&= \alpha_{ij} M_{ijkl} \bar{\sigma}_{kl} + C_{\mathrm{CH}} p
\end{aligned}
\tag{3.26}
$$

式中，C_{CH} 为一个材料常数，定义为

$$
\begin{aligned}
C_{\mathrm{CH}} &= C - C^s - \boldsymbol{\delta} : (\boldsymbol{m} - \boldsymbol{m}^s) + \varphi_0 \left(C^f - \boldsymbol{\delta} : \boldsymbol{m}^s \right), \\
C_{\mathrm{CH}} &= C - C^s - (m_{kk} - m_{kk}^s) + \varphi_0 \left(C^f - m_{kk}^s \right)
\end{aligned}
\tag{3.27}
$$

并有

$$
\begin{aligned}
C &= \boldsymbol{\delta} : \boldsymbol{M} : \boldsymbol{\delta}, \\
C &= M_{iijj}
\end{aligned}
\tag{3.28}
$$

$$
\begin{aligned}
C^s &= \boldsymbol{\delta} : \boldsymbol{M}^s : \boldsymbol{\delta}, \\
C^s &= M_{iijj}^s
\end{aligned}
\tag{3.29}
$$

式 (3.27) 定义的 C_{CH} 是各向同性本构关系中定义的式 (1.35) 的直接推
广，可证明式 (3.27) 可退化为式 (1.35)。

C_{CH} 最早由 Cheng[18] 引入，但该文章中定义的 C_{CH} 不含式 (3.27)
等号右端的第三项 $\boldsymbol{\delta} : (\boldsymbol{m} - \boldsymbol{m}^s)$。这是因为 Cheng[18] 使用了额外的假
设，也见 3.2.1 节和 3.2.4 节的讨论。

多孔弹性材料的本构模型由式 (3.4) 和式 (3.26) 共同构成。此两式
表达了由应力类变量 $\{\bar{\boldsymbol{\sigma}}, p\}$ 得到应变类变量 $\{\bar{\boldsymbol{\epsilon}}, \zeta\}$ 的本构关系 $\bar{\boldsymbol{\epsilon}}(\bar{\boldsymbol{\sigma}}, p)$
和 $\zeta(\bar{\boldsymbol{\sigma}}, p)$。式中，$\boldsymbol{M}^s$ 和 $\boldsymbol{m}^s$ 是不可测的。在本节的余下部分中将坚持
只承认 $\boldsymbol{m} = \boldsymbol{\delta} : \boldsymbol{M}^s$，并假设 $\boldsymbol{m}^s$ 是一个独立的材料张量。

本构关系式 (3.4) 和式 (3.26) 还表明，在各向异性多孔弹性材料中，
共有 28 个独立的弹性常数，它们分别是：

(1) 21 个常数构造对称的四阶全渗柔度张量 M；

(2) 6 个常数构造对称的二阶张量 α 或 m，这二者可以在给定 M 后由式 (3.10) 和式 (3.15) 相互转换；

(3) 最后一个材料常数为 C_{CH}，如式 (3.27) 所示，C_{CH} 中包含了许多产生间接影响的其他材料常数，例如 φ_0，C^f 和 m^s。而这些被包裹的材料常数可分为两组：①不用测的常数 φ_0 和 C^f；②不可测的常数 m^s。显然，与测量这些被包裹的材料常数相比，直接测量 C_{CH} 是更有效的。

之后所有的材料常数，包括将在 3.1.1 节和 3.1.2 节中介绍的 b，M^u 和 M_{CH} 等，都可以由这 28 个常数唯一确定。需注意 M^s 和 m^s 的值不能由这 28 个常数确定，但对于本构模型来说，这些固体骨架模量也同样是不需要的。

可见，本章对于各向异性 Biot 本构模型的建立过程与第 1 章中各向同性 Biot 本构模型的建立过程有所不同。对于两个推导过程的对比，读者可参考附录 G。

3.1.1   全渗状态与无渗状态

如 1.1.3 节中所述，多孔弹性本构有全渗和无渗两个特殊的状态。本节将研究它们在本章定义的各向异性本构模型中具有的性质。

首先，对于全渗状态 $(p = 0)$，即时间趋于无穷长时，全场压力平衡时的状态，本构方程可化简为

$$\begin{cases} \bar{\epsilon} = M : \bar{\sigma} & (3.30) \\ \zeta = (M : \delta - m) : \bar{\sigma} \end{cases} \quad (p = 0) \qquad (3.31)$$

$$\begin{cases} \bar{\epsilon}_{ij} = M_{ijkl}\bar{\sigma}_{kl} \\ \zeta = \left(M_{ijkk} - m_{ij}\right)\bar{\sigma}_{ij} \end{cases} \quad (p = 0)$$

另一方面无渗变形状态要求 $\zeta = 0$，此时由式 (3.26) 可得

$$\begin{aligned} p &= -b : \bar{\sigma}, \\ p &= -b_{ij}\bar{\sigma}_{ij} \end{aligned} \quad (\zeta = 0) \qquad (3.32)$$

式中 (注意：因为式 (3.7) 中 M 为对称，故 $\alpha : M = M : \alpha$，即 $\alpha_{kl}M_{klij} = M_{ijkl}\alpha_{kl}$，并利用式 (3.10) 和式 (3.22))，

$$b = \frac{\delta : (M - M^s)}{C_{\mathrm{CH}}} = \frac{1}{C_{\mathrm{CH}}} M : \alpha,$$

$$b_{ij} = \frac{M_{kkij} - M^s_{kkij}}{C_{\mathrm{CH}}} = \frac{1}{C_{\mathrm{CH}}} M_{ijkl} \alpha_{kl} \tag{3.33}$$

二阶张量 b 是各向同性本构模型中 Skempton 常数 B 的直接推广。将式 (3.32) 与第 1 章的式 (1.47) 对比，可知 b 与各向同性本构模型中的 B 有如下关系：

$$\begin{aligned} b &= \frac{1}{3} B \delta, \\ b_{ij} &= \frac{1}{3} B \delta_{ij} \end{aligned} \qquad (各向同性本构模型中) \tag{3.34}$$

因此，通过将式 (3.32) 代入式 (3.4)，在无渗变形情况下 $\bar{\epsilon}$ 与 $\bar{\sigma}$ 之间的本构关系变为

$$\begin{aligned} \bar{\epsilon} &= M^u : \bar{\sigma}, \\ \bar{\epsilon}_{ij} &= M^u_{ijkl} \bar{\sigma}_{kl} \end{aligned} \qquad (\zeta = 0) \tag{3.35}$$

式中，M^u 表示无渗柔度张量，且有 (利用式 (3.15) 和式 (3.33))

$$\begin{aligned} M^u &= M - (M : \delta - m) \otimes b \\ &= M - \frac{1}{C_{\mathrm{CH}}} (M : \alpha) \otimes (M : \alpha) \end{aligned} \tag{3.36}$$

这里 $\otimes$ 表示张量积 (在有的文献中，略去 $\otimes$ 符号不写)。式 (3.36) 也可使用下标记号表示：

$$\begin{aligned} M^u_{ijkl} &= M_{ijkl} - \left(M_{ijpp} - m_{ij} \right) b_{kl} \\ &= M_{ijkl} - \frac{1}{C_{\mathrm{CH}}} \left(M_{ijpq} \alpha_{pq} M_{klrs} \alpha_{rs} \right) \end{aligned} \tag{3.37}$$

由式 (3.36) 可见，本章所建立的多孔弹性本构模型如果在全渗状态下是线弹性的，那么在无渗状态下也是线弹性的。此外，如果全渗柔度张量 M 是 Voigt 对称的，那么无渗柔度张量 M^u 也应当是 Voigt 对称的。

可见，当介质处于无渗或全渗状态时，材料的本构响应可以分别由式 (3.30) 和式 (3.35) 来表述。而此时这两种本构模型与普遍使用的广义

胡克定律没有区别。这与各向同性本构中有关全渗与无渗状态的推论相同。也可证明在这两种特殊情况下，多孔介质在整体上就表现出了传统线弹性胡克材料的性质。这为测量多孔介质的材料属性提供了突破口。

3.1.2　各向异性多孔弹性本构关系中的一些重要等式

本节将在前文的基础上推导一些各向异性多孔弹性本构中存在的恒等式，方便后续章节使用。

类似于式 (3.28) 和式 (3.29) 中定义的 C 与 C^s，也可定义材料的无渗体积柔度为

$$
\begin{aligned}
C^u &= \boldsymbol{\delta} : \boldsymbol{M}^u : \boldsymbol{\delta}, \\
C^u &= M^u_{iijj}
\end{aligned}
\tag{3.38}
$$

由式 (3.36)，可得

$$
\begin{aligned}
C - C^s &= \frac{C - C^u}{\boldsymbol{b} : \boldsymbol{\delta}}, \\
C - C^s &= \frac{C - C^u}{b_{kk}}
\end{aligned}
\tag{3.39}
$$

由式 (3.22) 和式 (3.29)，可得

$$
\begin{aligned}
C^s &= \boldsymbol{m} : \boldsymbol{\delta}, \\
C^s &= m_{kk}
\end{aligned}
\tag{3.40}
$$

由式 (3.33)，可得

$$
\begin{aligned}
\boldsymbol{b} : \boldsymbol{\delta} &= \frac{C - C^s}{C_{\mathrm{CH}}}, \\
b_{kk} &= \frac{C - C^s}{C_{\mathrm{CH}}}
\end{aligned}
\tag{3.41}
$$

式中，C_{CH} 定义于式 (3.27)，又由式 (3.33) 和式 (3.39) 得到了另一种 C_{CH} 的计算方法：

$$
\begin{aligned}
C_{\mathrm{CH}} &= \frac{(\boldsymbol{\delta} : \boldsymbol{M} - \boldsymbol{m}) : \boldsymbol{\delta}}{\boldsymbol{b} : \boldsymbol{\delta}} = \frac{C - C^u}{(\boldsymbol{b} : \boldsymbol{\delta})^2}, \\
C_{\mathrm{CH}} &= \frac{M_{iijj} - m_{ii}}{b_{kk}} = \frac{C - C^u}{b_{kk}^2}
\end{aligned}
\tag{3.42}
$$

因而可利用式 (3.36) 和式 (3.42)，将本构方程式 (3.26) 改写为

$$\zeta = \frac{\boldsymbol{\delta} : (\boldsymbol{M} - \boldsymbol{M}^u) : \bar{\boldsymbol{\sigma}}}{\boldsymbol{b} : \boldsymbol{\delta}} + \frac{(C - C^u) \, p}{(\boldsymbol{b} : \boldsymbol{\delta})^2},$$

$$\zeta = \frac{\left(M_{kkij} - M_{kkij}^u \right) \bar{\sigma}_{ij}}{b_{ll}} + \frac{(C - C^u) \, p}{b_{kk}^2} \tag{3.43}$$

由式 (3.10) 和式 (3.36)，可得

$$\boldsymbol{\alpha} = \frac{\boldsymbol{\delta} - \boldsymbol{L} : \boldsymbol{M}^u : \boldsymbol{\delta}}{\boldsymbol{b} : \boldsymbol{\delta}},$$

$$\alpha_{ij} = \frac{\delta_{ij} - L_{ijkl} M_{klpp}^u}{b_{qq}} \tag{3.44}$$

将其与 $\boldsymbol{M}$ 在左侧双点积，发现

$$\boldsymbol{M} : \boldsymbol{\alpha} = \frac{(\boldsymbol{M} - \boldsymbol{M}^u) : \boldsymbol{\delta}}{\boldsymbol{b} : \boldsymbol{\delta}} = \boldsymbol{\alpha} : \boldsymbol{M},$$

$$M_{ijkl} \alpha_{kl} = \frac{M_{ijkk} - M_{ijkk}^u}{b_{ll}} = \alpha_{kl} M_{klij} \tag{3.45}$$

进一步有

$$\boldsymbol{\delta} : \boldsymbol{M} : \boldsymbol{\alpha} = \frac{C - C^u}{\boldsymbol{b} : \boldsymbol{\delta}},$$

$$M_{kkij} \alpha_{ij} = \frac{C - C^u}{b_{kk}} \tag{3.46}$$

因此，由式 (3.42) 又得到一 C_{CH} 的简化表达式：

$$C_{\text{CH}} = \frac{\boldsymbol{\delta} : \boldsymbol{M} : \boldsymbol{\alpha}}{\boldsymbol{b} : \boldsymbol{\delta}},$$

$$C_{\text{CH}} = \frac{M_{kkij} \alpha_{ij}}{b_{ll}} \tag{3.47}$$

由式 (3.43) ∼ 式 (3.45)，并利用式 (3.8) 和式 (3.9) 得到

$$\boldsymbol{M} : \bar{\boldsymbol{\sigma}} = \bar{\boldsymbol{\epsilon}} - \boldsymbol{M} : \boldsymbol{\alpha} p,$$

$$M_{ijkl} \bar{\sigma}_{kl} = \bar{\epsilon}_{ij} - M_{ijkl} \alpha_{kl} p$$

可以进一步整理第二个本构方程，得到 $\zeta(\bar{\epsilon}, p)$：

$$\zeta = \boldsymbol{\alpha} : \boldsymbol{M} : \bar{\boldsymbol{\sigma}} + \frac{\boldsymbol{\delta} : \boldsymbol{M} : \boldsymbol{\alpha}}{\boldsymbol{b} : \boldsymbol{\delta}} p \tag{3.48}$$

$$= \boldsymbol{\alpha} : \bar{\boldsymbol{\epsilon}} - \left(\boldsymbol{\alpha} : \boldsymbol{M} : \boldsymbol{\alpha} - \frac{\boldsymbol{\delta} : \boldsymbol{M} : \boldsymbol{\alpha}}{\boldsymbol{b} : \boldsymbol{\delta}}\right) p \tag{3.49}$$

$$= \boldsymbol{\alpha} : \bar{\boldsymbol{\epsilon}} - (\boldsymbol{\alpha} : \boldsymbol{M} : \boldsymbol{\alpha} - C_{\mathrm{CH}}) p \tag{3.50}$$

$$= \boldsymbol{\alpha} : \bar{\boldsymbol{\epsilon}} + \frac{1}{M_{\mathrm{CH}}} p \tag{3.51}$$

式中，M_{CH} 即各向同性本构中由式 (1.43) 和式 (1.64) 定义的 M_{CH} 在各向异性本构模型中的直接推广，它的表达式为

$$M_{\mathrm{CH}} = \frac{1}{C_{\mathrm{CH}} - \boldsymbol{\alpha} : \boldsymbol{M} : \boldsymbol{\alpha}} = \frac{1}{C_{\mathrm{CH}}} + \boldsymbol{b} : \boldsymbol{L}^u : \boldsymbol{b},$$

$$M_{\mathrm{CH}} = \frac{1}{C_{\mathrm{CH}} - \alpha_{ij} M_{ijkl} \alpha_{kl}} = \frac{1}{C_{\mathrm{CH}}} + b_{ij} L^u_{ijkl} b_{kl} \tag{3.52}$$

式中，$\boldsymbol{L}^u = (\boldsymbol{M}^u)^{-1}$ 为无渗刚度张量。

由式 (3.14) 和式 (3.51)，可以得到借用 M_{CH} 表达的 $\zeta(\bar{\boldsymbol{\sigma}}, p)$：

$$\zeta = \boldsymbol{\alpha} : \boldsymbol{M} : \bar{\boldsymbol{\sigma}} + \left(\frac{1}{M_{\mathrm{CH}}} + \boldsymbol{\alpha} : \boldsymbol{M} : \boldsymbol{\alpha}\right) p,$$

$$\zeta = \alpha_{ij} M_{ijkl} \bar{\sigma}_{kl} + \left(\frac{1}{M_{\mathrm{CH}}} + \alpha_{ij} M_{ijkl} \alpha_{kl}\right) p \tag{3.53}$$

式 (3.51) 表示的 $\zeta(\bar{\epsilon}, p)$ 与式 (3.14) 表示的 $\bar{\boldsymbol{\sigma}}(\bar{\epsilon}, p)$ 构成了另一种以 $\{\bar{\epsilon}, p\}$ 为自变量的多孔弹性本构关系。与之类似，也可以构造以 $\{\bar{\boldsymbol{\sigma}}, \zeta\}$ 或 $\{\bar{\epsilon}, \zeta\}$ 为自变量的本构关系。

利用式 (3.22) 和式 (3.33)，由式 (3.36) 可以得到 $\boldsymbol{M}^u$ 和 $\boldsymbol{M}$ 之间的一个重要的恒等式。注意到可以由 $\boldsymbol{M}$ 的 Voigt 对称性式 (3.7) 得到 $\boldsymbol{M} : \boldsymbol{\delta} = \boldsymbol{\delta} : \boldsymbol{M}$，因而有

$$\boldsymbol{M}^u = \boldsymbol{M} - C_{\mathrm{CH}} \boldsymbol{b} \otimes \boldsymbol{b},$$

$$M^u_{ijkl} = M_{ijkl} - C_{\mathrm{CH}} b_{ij} b_{kl} \tag{3.54}$$

同样地，在刚度张量 $\boldsymbol{L}^u$ 与 $\boldsymbol{L}$ 之间也有相似的关系：

$$\boldsymbol{L}^u = \boldsymbol{L} + M_{\mathrm{CH}}\boldsymbol{\alpha} \otimes \boldsymbol{\alpha},$$

$$L^u_{ijkl} = L_{ijkl} + M_{\mathrm{CH}}\alpha_{ij}\alpha_{kl} \tag{3.55}$$

以下关于 $\boldsymbol{\alpha}$ 与 $\boldsymbol{b}$ 的关系也可得到证明：

$$\boldsymbol{\alpha} = C_{\mathrm{CH}}\boldsymbol{L} : \boldsymbol{b} = \frac{1}{M_{\mathrm{CH}}}\boldsymbol{L}^u : \boldsymbol{b},$$

$$\alpha_{ij} = C_{\mathrm{CH}}L_{ijkl}b_{kl} = \frac{1}{M_{\mathrm{CH}}}L^u_{ijkl}b_{kl} \tag{3.56}$$

$$\boldsymbol{b} = \frac{1}{C_{\mathrm{CH}}}\boldsymbol{M} : \boldsymbol{\alpha} = M_{\mathrm{CH}}\boldsymbol{M}^u : \boldsymbol{\alpha},$$

$$b_{ij} = \frac{1}{C_{\mathrm{CH}}}M_{ijkl}\alpha_{kl} = M_{\mathrm{CH}}M^u_{ijkl}\alpha_{kl} \tag{3.57}$$

进一步由此还可以得到

$$\boldsymbol{b} : \boldsymbol{\alpha} = C_{\mathrm{CH}}\boldsymbol{b} : \boldsymbol{L} : \boldsymbol{b} = \frac{1}{M_{\mathrm{CH}}}\boldsymbol{b} : \boldsymbol{L}^u : \boldsymbol{b}$$

$$= \frac{1}{C_{\mathrm{CH}}}\boldsymbol{\alpha} : \boldsymbol{M} : \boldsymbol{\alpha} = M_{\mathrm{CH}}\boldsymbol{\alpha} : \boldsymbol{M}^u : \boldsymbol{\alpha},$$

$$\alpha_{ij}b_{ij} = C_{\mathrm{CH}}b_{ij}L_{ijkl}b_{kl} = \frac{1}{M_{\mathrm{CH}}}b_{ij}L^u_{ijkl}b_{kl}$$

$$= \frac{1}{C_{\mathrm{CH}}}\alpha_{ij}M_{ijkl}\alpha_{kl} = M_{\mathrm{CH}}\alpha_{ij}M^u_{ijkl}\alpha_{kl} \tag{3.58}$$

利用上述式 (3.52) 和式 (3.56)~ 式 (3.58)，容易证明在式 (3.54) 和式 (3.55) 中给出的 $\boldsymbol{M}^u$ 与 $\boldsymbol{L}^u$ 表达式确实是互逆的，即

$$\boldsymbol{L}^u : \boldsymbol{M}^u = \boldsymbol{I}^{\circledm},$$

$$L^u_{ijkl}M^u_{klmn} = I^{\circledm}_{ijmn} \tag{3.59}$$

这里 $\boldsymbol{I}^{\circledm}$ 表示四阶等同张量，已在式 (3.12) 中给出定义。

3.2　关于本构模型中骨架材料常数的更多讨论

3.2.1　四种假设水平

在 3.1 节提到承认式 (3.22) $m = \delta : M^s$，但不承认 $m^s \neq M^s : \delta$。这也是在 3.1 节中唯一用到的假设。

实际上，在以往的多孔弹性本构模型中，关于 $\{m, m^s, M^s\}$ 有四种不同水平的假设：

(A) $m = \delta : M^s$，而 m^s 完全独立;

(B) $m = \delta : M^s$，$m^s = M^s : \delta$;

(C) $m = \delta : M^s$，$m^s = M^s : \delta$，$m = m^s$;

(D) $m = \delta : M^s$，$m^s = M^s : \delta$，$m = m^s$，$M^s = M^{s\mathrm{T}}$。

这四种不同的假设依次增强，它们也都承认式 (3.22)。应注意假设水平 (D) 强于假设水平 (C)，因为 (C) 只承认 $\delta : M^s = M^s : \delta$；而 (D) 承认 $M^s = M^{s\mathrm{T}}$，这等价于对于任意的二阶张量 γ，都有 $\gamma : M^s = M^s : \gamma$。

对于完全均匀的固体骨架，由于它服从式 (3.20)，因而属于假设水平 (D)。对于假设水平 (B)，(C)，(D)，由于都有 $m^s = M^s : \delta$，固体骨架本构关系式 (3.19) 为

$$
\begin{aligned}
\bar{\epsilon}^s &= M^s : \bar{\sigma}^s, \\
\bar{\epsilon}^s_{ij} &= M^s_{ijkl} \bar{\sigma}^s_{kl}
\end{aligned}
\tag{3.60}
$$

同样地，对于假设水平 (B)，(C)，(D) 也可证明：

$$
\begin{aligned}
\delta &: (m - m^s) = 0, \\
m_{ii} &- m^s_{ii} = 0
\end{aligned}
\tag{3.61}
$$

因而对于均匀的固体骨架材料，一些在 3.1 节中的表达式可以被简化，例如式 (3.27) 中的 C_{CH} 或式 (3.52) 中的 M_{CH}。

本章属于假设水平 (A)。在仔细考查了一些经典的各向异性多孔本构模型文章后，可以发现 Thompson 与 Willis [8] 的假设也属于假设水平 (A)，而 Cheng [18] 的属于假设水平 (C)。实际上，Cheng [18] 的文章中存

在一些推导错误，详见 Gao 等人[16] 的结论。在修正了这些错误带来的影响后，会发现 Cheng [18] 的推导过程中隐蔽地要求了 $\boldsymbol{\delta} : \boldsymbol{M}^s = \boldsymbol{M}^s : \boldsymbol{\delta}$，而这意味着他的本构模型属于假设水平 (C)，详见 3.2.4 节中对于本模型和 Cheng 的模型的对比。

在采纳了假设水平 (B) 之后，对 3.1 节中的所有公式重新检查，但并没有发现任何超过式 (3.60) 和式 (3.61) 的优势，也同样找不到任何其他化简后的表达式或是有用的恒等式。因此，可以认为假设水平 (A) 作为一个基础假设，对于构建一个各向异性多孔弹性本构模型已经足够了。

例如，可将 C_{CH} 的定义式 (式 (3.27)) 在四种不同假设下的表达式分别列出：

$$(\text{A}) \quad C_{\mathrm{CH}} = C - C^s - \boldsymbol{\delta} : (\boldsymbol{m} - \boldsymbol{m}^s) + \varphi_0 \left(C^f - \boldsymbol{\delta} : \boldsymbol{m}^s \right) \qquad (3.27)_{\text{A}}$$

$$(\text{B}) \quad C_{\mathrm{CH}} = C - C^s + \varphi_0 \left(C^f - C^s \right) \qquad (3.27)_{\text{B}}$$

$$(\text{C}) \quad C_{\mathrm{CH}} = C - C^s + \varphi_0 \left(C^f - C^s \right) \qquad (3.27)_{\text{C}}$$

$$(\text{D}) \quad C_{\mathrm{CH}} = C - C^s + \varphi_0 \left(C^f - C^s \right) \qquad (3.27)_{\text{D}}$$

可见这几种假设的区别只是在于 C_{CH} 中包裹的无需测量的材料常数有多少个。这些结果也证实了在假设水平 (B)，(C)，(D) 之间 C_{CH} 的表达式没有区别。实际上通过假设水平 (B) 中的两假设 $\boldsymbol{m} = \boldsymbol{\delta} : \boldsymbol{M}^s$ 与 $\boldsymbol{m}^s = \boldsymbol{M}^s : \boldsymbol{\delta}$ 已经足够得到式 (3.27)_B，因为

$$\boldsymbol{\delta} : \boldsymbol{m} = \boldsymbol{\delta} : (\boldsymbol{\delta} : \boldsymbol{M}^s) = (\boldsymbol{\delta} : \boldsymbol{M}^s) : \boldsymbol{\delta} = \boldsymbol{\delta} : \boldsymbol{M}^s : \boldsymbol{\delta} = C^s = \boldsymbol{\delta} : \boldsymbol{m}^s$$

$$m_{ii} = M_{iijj}^s = C^s = m_{ii}^s, \qquad \text{对于假设水平(B)}$$

因而，假设水平 (C) 与 (D) 并没有改进式 (3.27)_B 得到的结果，只是减少了待测材料常数的个数，但所减少的这些材料常数也都是被包裹在 C_{CH} 中的本不必要测量的常数。

3.2.2　关于微观均匀与微观各向同性假设

Cheng [18] 在假设水平 (C) 的基础上，还引入了两个新的材料假设 ①微观均匀 (micro-homogeneity)；②微观各向同性 (micro-isotropy)。本节将简述它们的内涵和对本构模型影响。

Cheng[18] 定义的微观均匀是指：如果一个材料受到的应力与压力增量载荷满足 ①$\bar{\sigma} = -p\delta$，那么对于微观均匀的材料会有：①固体骨架中应力与整个材料的应力相同，即 $\bar{\sigma}^s = \bar{\sigma} = -p\delta$；②固体骨架中的应变响应与整个材料的响应也相同，即 $\bar{\epsilon} = \bar{\epsilon}^s$。在 Cheng[18] 的本构关系中，可证得这等价于本章中假设水平 (C) 要求的 $m = \delta : M^s = M^s : \delta = m^s$。证明细节在 3.2.4 节中给出。

Cheng[18] 引入的微观各向同性假设的影响则更大一些。该假设指材料骨架柔度张量满足：

$$M^s : \delta = \frac{1}{3} C^s \delta = \frac{1}{3K_s} \delta,$$
$$\text{（微观各向同性材料）} \tag{3.62}$$
$$M^s_{ijkk} = \frac{1}{3} C^s \delta_{ij} = \frac{1}{3K_s} \delta_{ij}$$

式 (3.62) 实际上意味着在微观各向同性材料中，球形应力张量总会产生球形应变张量变形。其中 K_s 可看作固体骨架材料的体积模量。

在各向异性介质中，结合微观各向同性和水平 (C) 的假设，可以得到关于 m，α，b 三者各分量的具体表达式：

$$m = m^s = \frac{1}{3K_s} \delta,$$
$$m_{ij} = m^s_{ij} = \frac{1}{3K_s} \delta_{ij}, \tag{3.63}$$

$$\alpha = \delta - \frac{L : \delta}{3K_s},$$
$$\alpha_{ij} = \delta_{ij} - \frac{L_{ijkk}}{3K_s}, \tag{3.64}$$

$$b = \frac{\delta : M}{C_{\mathrm{CH}}} - \frac{\delta}{3C_{\mathrm{CH}}K_s},$$
$$b_{ij} = \frac{M_{kkij}}{C_{\mathrm{CH}}} - \frac{\delta_{ij}}{3C_{\mathrm{CH}}K_s} \tag{3.65}$$

---

① 这就是在 1.1.2 节中定义的 Π-loading，或称作"无封套的载荷"模式，详见 1.2.1 节和 3.2.3 节。

　　因此，在基于微观各向同性的各向异性多孔弹性本构模型中，一共只有 23 个独立的材料常数：M 中有 21 个，K_s 中有 1 个，最后 C_{CH} 中有 1 个。特别地，在横观各向同性材料中，只有 7(即 5 + 1 + 1) 个独立的材料常数。

　　综合式 (3.62)~ 式 (3.65)，各向异性本构关系式 (3.4) 和式 (3.26)变为

$$\bar{\boldsymbol{\epsilon}} = \boldsymbol{M} : \bar{\boldsymbol{\sigma}} + \boldsymbol{M} : \boldsymbol{\delta} p - \frac{1}{3K_s} \boldsymbol{\delta} p,$$

$$\bar{\epsilon}_{ij} = M_{ijkl}\bar{\sigma}_{kl} + M_{ijkk}p - \frac{1}{3K_s}\delta_{ij}p \tag{3.66}$$

$$\zeta = \boldsymbol{\delta} : \boldsymbol{M} : \bar{\boldsymbol{\sigma}} - \frac{1}{3K_s}\boldsymbol{\delta} : \bar{\boldsymbol{\sigma}} + C_{\mathrm{CH}}p,$$

$$\zeta = M_{kkij}\bar{\sigma}_{ij} - \frac{1}{3K_s}\bar{\sigma}_{kk} + C_{\mathrm{CH}}p \tag{3.67}$$

其中

$$C_{\mathrm{CH}} = C - C^s + \varphi_0 \left(C^f - C^s \right) \tag{3.68}$$

并有

$$C^s = \boldsymbol{\delta} : \boldsymbol{M}^s : \boldsymbol{\delta} = \frac{1}{K_s},$$

$$C^s = M^s_{iijj} = \frac{1}{K_s}$$

　　在本章中，如非特殊说明，都不采纳本节指出的微观均匀与微观各向同性假设，而只接受假设水平 (A) 的假设条件。这两个假设减少了独立的材料常数个数，但是限制了本构关系可使用的范围。

3.2.3　无封套体积模量K_s'、无封套孔隙模量K_s'' 与固体骨架材料体积模量K_s

　　在 1.2.1 节中曾定义过与体积应变有关的三个无封套模量：$\{K_s, K_s', K_s''\}$，见式(1.74) ~ 式(1.76)。本节将讨论这三者在本章定义的各向异性本构模型中对应的表达式。尽管是在各向同性本构模型中引入这三个模量的，但会发现它们在各向异性本构模型中同样有具体的物理意义。本

节讨论 K_s **并不意味着**本节假设固体骨架材料是各向同性的，也不意味着本节假设固体骨架材料就满足了 3.2.2 节所描述的微观各向同性假设。但在采纳了 Cheng [18] 在 3.2.2 节的微观均匀和微观各向同性假设后，此处定义的 K_s 也可退化到 Cheng 的定义上，这也是直观上理解的固体骨架材料的体积模量。

首先注意到在无封套状态下，由式 (3.4) 和式 (3.19) 可分别得到 $\bar{\epsilon}$ 和 $\bar{\epsilon}^s$ 对载荷的响应：

$$\left.\frac{\partial \bar{\epsilon}}{\partial p}\right|_{\bar{\sigma}+p\delta=0} = -\boldsymbol{m},$$

$$\left.\frac{\partial \bar{\epsilon}_{ij}}{\partial p}\right|_{\bar{\sigma}+p\delta=0} = -m_{ij} \tag{3.69}$$

$$\left.\frac{\partial \bar{\epsilon}^s}{\partial p}\right|_{\bar{\sigma}+p\delta=0} = -\boldsymbol{m}^s,$$

$$\left.\frac{\partial \bar{\epsilon}_{ij}^s}{\partial p}\right|_{\bar{\sigma}+p\delta=0} = -m_{ij}^s \tag{3.70}$$

对于无封套体积模量 K_s'，将式 (3.69) 代入式 (1.74)，注意到 $\bar{\sigma}+p\delta=0$ 的载荷条件，可得

$$\frac{1}{K_s'} = -\left.\frac{\partial(\boldsymbol{\delta}:\bar{\epsilon})}{\partial p}\right|_{\bar{\sigma}+p\delta=0} = \boldsymbol{\delta}:\boldsymbol{m},$$

$$\frac{1}{K_s'} = -\left.\frac{\partial \bar{\epsilon}_{ii}}{\partial p}\right|_{\bar{\sigma}+p\delta=0} = m_{ii} \tag{3.71}$$

固体骨架材料的体积模量 K_s 也容易得到，将式 (3.70) 代入式 (1.76)，可得

$$\frac{1}{K_s} = -\left.\frac{\partial(\boldsymbol{\delta}:\bar{\epsilon}^s)}{\partial p}\right|_{\bar{\sigma}+p\delta=0} = \boldsymbol{\delta}:\boldsymbol{m}^s,$$

$$\frac{1}{K_s} = -\left.\frac{\partial \bar{\epsilon}_{ii}^s}{\partial p}\right|_{\bar{\sigma}+p\delta=0} = m_{ii}^s \tag{3.72}$$

无封套孔隙模量 K_s'' 的表达式更复杂一些，注意到式 (3.24)，并使用 $\bar{\epsilon}$ 和 $\bar{\epsilon}^s$ 的偏导关系式 (式 (3.69) 和式 (3.70))，可得

$$
\begin{aligned}
\frac{1}{K_s''} &= -\frac{1}{\varphi_0} \left.\frac{\partial v}{\partial p}\right|_{\bar{\boldsymbol{\sigma}} + p\boldsymbol{\delta} = 0} \\
&= -\frac{1}{\varphi_0} \left.\frac{\partial \left[\boldsymbol{\delta} : \bar{\boldsymbol{\epsilon}} - (1 - \varphi_0)\,\boldsymbol{\delta} : \bar{\boldsymbol{\epsilon}}^s\right]}{\partial p}\right|_{\bar{\boldsymbol{\sigma}} + p\boldsymbol{\delta} = 0} \\
&= \frac{1}{\varphi_0} \left[\boldsymbol{\delta} : \boldsymbol{m} - (1 - \varphi_0)\boldsymbol{\delta} : \boldsymbol{m}^s\right] \\
&= \frac{1}{\varphi_0} \left[m_{ii} - (1 - \varphi_0)m_{ii}^s\right]
\end{aligned} \tag{3.73}
$$

应当注意的是，基于本章给出的关系式和 $\{K_s, K_s', K_s''\}$ 的定义式，可以求出这几个无封套模量对应的表达式 (式 (3.71) ~ 式 (3.73))；但这并不意味着可以由这几个材料常数反推出材料的本构关系中的未知数。测量这几个材料常数确实是可行的[19]，但测量它们对于确定材料完整的本构关系可能并无帮助。与 φ_0 和 C^f 类似，它们是可被测量但不必测的常数。亦可见在本章定义的 $\{K_s, K_s', K_s''\}$ 互不相等，而且它们仍然满足各向同性本构中式 (1.78) 中给出的关系。

3.2.4　与 Cheng 的骨架材料常数处理方法的对比

Cheng[18] 构建了类似于本章的各向异性多孔弹性本构模型，但与本章在微元整体上构建的式 (3.4) 和在固体骨架上构建的式 (3.19) 不同的是，Cheng[18] 采用了如下的构建方案：

$$
\begin{aligned}
\bar{\boldsymbol{\epsilon}} &= \boldsymbol{M} : \bar{\boldsymbol{\sigma}} + (\boldsymbol{M} : \boldsymbol{\delta} - \boldsymbol{m})\,p, \\
\bar{\epsilon}_{ij} &= M_{ijkl}\bar{\sigma}_{kl} + \left(M_{ijkl}\delta_{kl} - m_{ij}\right)p
\end{aligned} \tag{3.74}
$$

$$
\begin{aligned}
\bar{\boldsymbol{\epsilon}}^s &= \boldsymbol{M}^s : \bar{\boldsymbol{\sigma}}^s + \frac{\varphi_0}{1 - \varphi_0}\left(\boldsymbol{m}_{\text{CH}}^s - \boldsymbol{M}^s : \boldsymbol{\delta}\right)p, \\
\bar{\epsilon}_{ij}^s &= M_{ijkl}^s \bar{\sigma}_{kl}^s + \frac{\varphi_0}{1 - \varphi_0}\left(m_{ij}^{s,\text{CH}} - M_{ijkk}^s\right)p
\end{aligned} \tag{3.75}
$$

对比式 (3.4) 和式 (3.74) 可知，两本构模型中对于 M 和 m 的定义都是一样的。而比较式 (3.19) 和式 (3.75) 也可知，两本构模型中 M^s 的定义也相同，均为 $\partial\bar{\epsilon}^s/\partial\bar{\sigma}^s$。因而本构中的区别只在于 m^s 的定义；因此在本节中将 Cheng [18] 定义的 m^s 记作 m^s_{CH}。

如 3.2.2 节中所述，在引入了微观均匀假设后，可化简得到

$$m^s_{\mathrm{CH}} = M^s : \delta + \frac{1-\varphi_0}{\varphi_0}\left(M^s : \delta - \delta : M^s\right),$$
$$m^{s,\mathrm{CH}}_{ij} = M^s_{ijkk} + \frac{1-\varphi_0}{\varphi_0}\left(M^s_{ijkk} - M^s_{kkij}\right) \tag{3.76}$$

而这在与 Cheng [18] 原文中的式 (41)

$$m^s_{\mathrm{CH}} = M^s : \delta,$$
$$m^{s,\mathrm{CH}}_{ij} = M^s_{ijkk} \qquad\qquad \text{文献 [18] 中错误的式 (41)}$$

对比后，作者认为 Cheng 在此暗自使用了 $M^s : \delta = \delta : M^s$ 的假设，因而将 Cheng 的微观均匀假设划分到假设水平 (C) 的结果中 [①]。

在 Cheng [18] 给出的本构模型式 (3.74) 和式 (3.75) 的基础上，也可以由 1.2.1 节中给出的 $\{K_s, K'_s, K''_s\}$ 定义式 (1.74) ∼ 式 (1.76) 得到三者在 Cheng 模型中的表达式：

$$\frac{1}{K_s} = -\left.\frac{\partial(\delta : \bar{\epsilon}^s)}{\partial p}\right|_{\bar{\sigma}+p\delta=0} = \frac{1}{1-\varphi_0}\left(\varphi_0\delta : m^s_{\mathrm{CH}} - \delta : m\right) \tag{3.77}$$

$$\frac{1}{K'_s} = -\left.\frac{\partial(\delta : \bar{\epsilon})}{\partial p}\right|_{\bar{\sigma}+p\delta=0} = \delta : m \tag{3.78}$$

$$\frac{1}{K''_s} = -\frac{1}{\varphi_0}\left.\frac{\partial v}{\partial p}\right|_{\bar{\sigma}+p\delta=0} = \delta : m^s_{\mathrm{CH}} \tag{3.79}$$

---

① Cheng 也错误地得到了：

$$m = M^s : \delta \qquad\qquad \text{文献 [18] 中错误的式 (33)}$$

这也是作者认为 Cheng 暗自使用了 $M^s : \delta = \delta : M^s$ 的原因之一。

将它们与式 (3.71) ～ 式 (3.73) 对比，可见本章构造的本构模型与 Cheng[18] 的模型中对于 K_s' 的理解是相同的，但对于 K_s 和 K_s'' 的定义方案各有取舍。在本章的推导结果中，K_s 的定义更加直观，而 K_s'' 的定义显得繁杂；Cheng[18] 的模型则与之相反。但这两者的区别都只在固体骨架材料的本构定义上，只与不可测的 M^s 与 m^s 相关，并不影响整体的本构模型。

3.3　横观各向同性多孔弹性本构模型

本节将讨论横观各向同性多孔弹性本构模型这一退化后的特殊情况，为第 4 章中有关横观各向同性介质中的井眼校核问题做准备。本节将先简述从 3.1 节中退化得到的横观各向同性本构的特殊结果，见 3.3.1 节；然后给出平面应变问题中使用横观各向同性多孔弹性本构模型的场方程，见 3.3.2 节；最后通过与各向同性介质中的场方程对比，引入一个横观各向同性本构模型平面应变问题中的重要分析方法：等效各向同性模型，见 3.3.3 节。

本节中将引入一些在横观各向同性介质中定义的新材料常数，例如二阶张量 m 被扩展为 $\{m, m'\}$ 两个独立常数，见式 (3.90)。读者应注意区别独立新常数与前文给出的张量分量记号，如 m_{ij} 等。本节大多数公式都是各向异性本构中的特例，因此不再给出对应的笛卡儿坐标系下的分量形式，读者可以通过公式编号在前文自行查阅。

3.3.1　横观各向同性多孔弹性本构模型

本节给出本构模型在横观各向同性情况下的简化结果，并讨论这种情况下的一些特殊结果。横观各向同性假设材料中有一个旋转对称轴，在垂直于该轴的平面内材料是各向同性的，且材料的拉压与剪切互不影响。本节假设材料在 $x_1 - x_2$ 平面上是各向同性的，而 x_3 方向为垂直于该平面的方向。

本节为方便书写与说明，将采用矩阵记法①。更严谨的基于张量运算

---

① 本节将对称的四阶张量 M 写为矩阵的形式，其中四阶张量的分量 M_{ijkl} 和表示矩阵的元素 M_{IK} 的对应关系为 $ij \leftrightarrow I$, $kl \leftrightarrow K$ 为 11 $\leftrightarrow$ **1**, 22 $\leftrightarrow$ **2**, 33 $\leftrightarrow$ **3**, 12 $\leftrightarrow$ **4**, 23 $\leftrightarrow$ **5**, 13 $\leftrightarrow$ **6**。改写后，四阶张量与二阶张量的双点积运算可看作矩阵间的乘法运算。

的分析过程请参参阅附录 F。使用矩阵记法后，应力张量 $\bar{\sigma}$ 和应变张量 $\bar{\epsilon}$ 可写作 6×1 的矩阵形式：

$$\bar{\sigma} = \begin{bmatrix} \sigma_{11}, & \sigma_{22}, & \sigma_{33}, & \sigma_{12}, & \sigma_{23}, & \sigma_{13} \end{bmatrix}^{\mathrm{T}},$$
$$\bar{\epsilon} = \begin{bmatrix} \epsilon_{11}, & \epsilon_{22}, & \epsilon_{33}, & \epsilon_{12}, & \epsilon_{23}, & \epsilon_{13} \end{bmatrix}^{\mathrm{T}} \tag{3.80}$$

对于横观各向同性材料，基于上述的矩阵记法，本构方程式 (3.4) 中的柔度张量 M 可以用常见的材料刚度属性改写为如下矩阵形式：

$$M = \begin{pmatrix} \dfrac{1}{E} & -\dfrac{\nu}{E} & -\dfrac{\nu'}{E'} & & & \\ -\dfrac{\nu}{E} & \dfrac{1}{E} & -\dfrac{\nu'}{E'} & & & \\ -\dfrac{\nu''}{E} & -\dfrac{\nu''}{E} & \dfrac{1}{E'} & & & \\ & & & \dfrac{1}{2G} & & \\ & & & & \dfrac{1}{2G'} & \\ & & & & & \dfrac{1}{2G'} \end{pmatrix} \tag{3.81}$$

矩阵中空缺的元素都是零。与之类似，无渗柔度张量 M^u 也有相似的记法：

$$M^u = \begin{pmatrix} \dfrac{1}{E_u} & -\dfrac{\nu_u}{E_u} & -\dfrac{\nu'_u}{E'_u} & & & \\ -\dfrac{\nu_u}{E_u} & \dfrac{1}{E_u} & -\dfrac{\nu'_u}{E'_u} & & & \\ -\dfrac{\nu''_u}{E_u} & -\dfrac{\nu''_u}{E_u} & \dfrac{1}{E'_u} & & & \\ & & & \dfrac{1}{2G_u} & & \\ & & & & \dfrac{1}{2G'_u} & \\ & & & & & \dfrac{1}{2G'_u} \end{pmatrix} \tag{3.82}$$

这里分别使用不带下标 u 和带下标 u 的材料常数 $\{E,\ E',\ \nu,\ \nu',\ \nu'',\ G,\ G'\}$ 和 $\{E_u,\ E'_u,\ \nu_u,\ \nu'_u,\ \nu''_u,\ G_u,\ G'_u\}$ 表示全渗与无渗状态下对应方向上的杨氏模量、泊松比、剪切模量。可见，使用矩阵矢量记法之后，四阶张量与二阶张量之间的双点乘运算变成了矩阵与矢量之间的点乘运算，这方便了分析与计算。转化规则可参照第 93 页脚注。

应当注意式 (3.81) 和式 (3.82) 中各向同性平面面内的剪切模量满足：

$$G = \frac{E}{2(1+\nu)} \tag{3.83}$$

$$G_u = \frac{E_u}{2(1+\nu_u)} \tag{3.84}$$

又由 $\boldsymbol{M}$ 与 $\boldsymbol{M}^u$ 的 Voigt 对称性，式 (3.81) 和式 (3.82) 右端的矩阵必是对称矩阵，因而有

$$\frac{\nu''}{E} = \frac{\nu'}{E'} \tag{3.85}$$

$$\frac{\nu''_u}{E_u} = \frac{\nu'_u}{E'_u} \tag{3.86}$$

固体骨架的柔度张量 $\boldsymbol{M}^s$ 也可以采用类似于 $\boldsymbol{M}$ 的式 (3.81) 记法，但右端所有的材料常数都带下标 s，即 $\{E_s,\ E'_s,\ \nu_s,\ \nu'_s,\ \nu''_s,\ G_s,\ G'_s\}$，但由第 76 页的式 $(3.7)^s$，$\boldsymbol{M}^s$ 不满足该 Voigt 对称性：

$$\frac{\nu''_s}{E_s} \neq \frac{\nu'_s}{E'_s} \tag{3.87}$$

由式 (3.81) ~ 式 (3.86) 可知，$\boldsymbol{M}$ 与 $\boldsymbol{M}^u$ 分别可由五个独立的材料常数 $\{E,\ E',\ \nu,\ \nu',\ G'\}$ 和 $\{E_u,\ E'_u,\ \nu_u,\ \nu'_u,\ G'_u\}$ 给定。而这两组材料常数之间独立与否将在本节后续讨论。

式 (3.14) 中使用材料刚度张量 $\boldsymbol{L}$ 来描述本构模型。横观各向同性中 $\boldsymbol{L}$ 的矩阵形式见附录 D 中的式 (D.1)。而杨氏模量、泊松比、剪切模量 (即 $\{E,\ E',\ \nu,\ \nu',\ G,\ G'\}$) 由材料刚度与柔度张量所表达的结果也在式 (D.3) 和式 (D.4) 给出。由这些关系可得到一些关于 $\boldsymbol{L}$ 和 $\boldsymbol{M}$ 之间有用的恒等式，例如：

$$L_{11} - L_{12} = \frac{1}{M_{11} - M_{12}} = 2G = \frac{E}{1+\nu} \tag{3.88}$$

$$\frac{L_{13}}{L_{11} + L_{12}} = -\frac{M_{13}}{M_{33}} = \nu' \tag{3.89}$$

　　二阶张量 $\boldsymbol{m}$ 在横观各向同性材料中可以表示为一个对角二阶张量 [①]，由式 (3.22) 可得：

$$\boldsymbol{m} = \boldsymbol{\delta} : \boldsymbol{M}^s = \mathrm{diag}\left(m, m, m'\right) \tag{3.90}$$

其中

$$\begin{aligned} m &= \frac{1 - \nu_s - \nu_s''}{E_s}, \\ m' &= \frac{1 - 2\nu_s'}{E_s'} \end{aligned} \tag{3.91}$$

读者应注意，上式中的两个量 $\{m, m'\}$ 都没有下标，它们是两个独立的材料常数，而非前面几节中每个张量表达式所对应的分量形式。

　　独立的二阶张量 $\boldsymbol{m}^s$ 也可用对角矢量来表达：

$$\boldsymbol{m}^s = \mathrm{diag}\left(m_s, m_s, m_s'\right) \tag{3.92}$$

且有

$$\begin{aligned} \boldsymbol{\delta} : \boldsymbol{m}^s &= 2m_s + m_s', \\ \boldsymbol{\delta} : \left(\boldsymbol{m} - \boldsymbol{m}^s\right) &= \left(2m + m'\right) - \left(2m_s + m_s'\right) \end{aligned} \tag{3.93}$$

实际上，接下来将会发现 $\boldsymbol{m}^s$ 对本构的影响总是以类似于式 (3.93) 中的 $2m_s + m_s'$，作为一个整体出现。而它们最终都被包裹在 C_{CH} 中。

　　在横观各向同性材料中，C 与 C^s 可被写为

$$C = \boldsymbol{\delta} : \boldsymbol{M} : \boldsymbol{\delta} = \frac{2\left(1 - \nu - \nu''\right)}{E} + \frac{1 - 2\nu'}{E'} \tag{3.94}$$

$$C^s = \boldsymbol{\delta} : \boldsymbol{M}^s : \boldsymbol{\delta} = \frac{2\left(1 - \nu_s - \nu_s''\right)}{E_s} + \frac{1 - 2\nu_s'}{E_s'} \tag{3.95}$$

　　式 (3.33) 中定义的与 Skempton 效应相关的张量 $\boldsymbol{b}$ 也可写作一个对角二阶张量：

$$\boldsymbol{b} = \frac{\boldsymbol{\delta} : \left(\boldsymbol{M} - \boldsymbol{M}^s\right)}{C_{\mathrm{CH}}} = \mathrm{diag}\left(b, b, b'\right) \tag{3.96}$$

　　[①] 对角二阶张量指只有对角线元素非零的二阶张量。式 (3.90) 的 diag 函数表示由括号中元素构成对角线的二阶张量。

由此也能发现 $\{b, b'\}$ 与 $\{m, m'\}$ 之间的关系:

$$
\begin{aligned}
b &= \frac{1}{C_{\mathrm{CH}}} \left(\frac{1 - \nu - \nu''}{E} - m \right), \\
b' &= \frac{1}{C_{\mathrm{CH}}} \left(\frac{1 - 2\nu'}{E'} - m' \right)
\end{aligned}
\tag{3.97}
$$

材料常数 C_{CH} 在横观各向同性材料中的表达可以由它的定义式 (3.27) 得到

$$
\begin{aligned}
C_{\mathrm{CH}} &= C - C^s - \boldsymbol{\delta} : (\boldsymbol{m} - \boldsymbol{m}^s) + \varphi_0 \left(C^f - \boldsymbol{\delta} : \boldsymbol{m}^s \right) \\
&= \left[\frac{2(1 - \nu - \nu'')}{E} + \frac{1 - 2\nu'}{E'} \right] - (4m + 2m') + \\
&\quad (1 - \varphi_0) \left[2m_s + m'_s \right] + \varphi_0 C^f
\end{aligned}
\tag{3.98}
$$

如前文所述, C_{CH} 中包裹了可被测但不必要的材料常数 $\{\varphi_0, C^f\}$, 以及不可被测的材料常数 $\{m_s, m'_s\}$。正因为这些包裹在一起的常数只在 C_{CH} 的表达式中出现了, 直接测量 C_{CH}, b, b' 会是更有效的表征材料的方式。

Biot 有效应力系数张量 $\boldsymbol{\alpha}$ 与 $\boldsymbol{m}$ 之间的关系可由式 (3.10) 得到

$$
\boldsymbol{\alpha} = \boldsymbol{\delta} - \boldsymbol{L} : \boldsymbol{m} = \mathrm{diag}\left(\alpha, \alpha, \alpha' \right)
\tag{3.99}
$$

其中

$$
\begin{aligned}
\alpha &= 1 - \left(\frac{E}{1 - \nu - 2\nu'\nu''} m + \frac{E\nu'}{1 - \nu - 2\nu'\nu''} m' \right), \\
\alpha' &= 1 - \left(\frac{2E\nu'}{1 - \nu - 2\nu'\nu''} m + \frac{E'(1 - \nu)}{1 - \nu - 2\nu'\nu''} m' \right)
\end{aligned}
\tag{3.100}
$$

由此可见, 若是按照式 (3.4) 和式 (3.26) 构造横观各向同性多孔本构模型, 材料中一共只有

$$
\{E, E', \nu, \nu', G', m, m', C_{\mathrm{CH}}\}
\tag{3.101}
$$

这八个独立的材料常数。而式 (3.97) 和式 (3.100) 展示了 $\{m, m'\}$, $\{\alpha, \alpha'\}$, $\{b, b'\}$ 两两之间是可以相互转换的。

若采用式 (3.14) 和式 (3.51) 构造的使用 $\zeta(\bar{\epsilon}, p)$ 与 $\bar{\sigma}(\bar{\epsilon}, p)$ 表达的本构关系，还需给出 $\boldsymbol{L}$ 和 M_{CH} 在横观各向同性下的表达式。$\boldsymbol{L}$ 的表达式比较冗长，详见附录 D。而 M_{CH} 在横观各向同性中的表达式可由式 (3.52) 得

$$M_{\mathrm{CH}} = \frac{1}{C_{\mathrm{CH}} - \boldsymbol{\alpha} : \boldsymbol{M} : \boldsymbol{\alpha}} \tag{3.102}$$

$$= \frac{1}{C_{\mathrm{CH}} - 2\alpha^2 \left(M_{11} + M_{12}\right) - 4\alpha\alpha' M_{13} - \alpha'^2 M_{33}} \tag{3.103}$$

该式也可用 $\boldsymbol{L}$，$\boldsymbol{\alpha}$ 和 C_{CH} 三者来表示，将附录 D 中的式 (D.7) 代入式 (3.103)，可得

$$M_{\mathrm{CH}} = \frac{\left(L_{11} + L_{12}\right) L_{33} - 2L_{13}^2}{C_{\mathrm{CH}} \left[\left(L_{11} + L_{12}\right) L_{33} - 2L_{13}^2\right] - 2\alpha^2 L_{33} + 4\alpha\alpha' L_{13} - \alpha'^2 \left(L_{11} + L_{12}\right)} \tag{3.104}$$

因此，横观各向同性多孔弹性本构模型中也可选择下面这八个独立的材料常数：

$$\left\{L_{11}, L_{12}, L_{13}, L_{33}, L_{55}, \alpha, \alpha', M_{\mathrm{CH}}\right\} \tag{3.105}$$

最后，本节将展示一些在横观各向同性情况下可以得到的恒等式，主要围绕无渗和全渗状态的材料常数展开。首先，如 1.1.3 节所述，由于材料的抗剪能力只由骨架提供，而与孔隙流体无关，因而应当意识到无渗和全渗状态下剪切模量部分是相同的，读者从式 (3.54) 中也可发现这一点。因而柔度张量 $\boldsymbol{M}^u$ 与 $\boldsymbol{M}$ 的剪切部分，即式 (3.81) 与式 (3.82) 两矩阵的右下角四分之一应当是一样的：

$$\frac{E}{2(1+\nu)} = \frac{E_u}{2(1+\nu_u)} \tag{3.106}$$

$$G' = G'_u \tag{3.107}$$

其次，基于 $\boldsymbol{M}^u$ 与 $\boldsymbol{M}$ 之间的关系式 (3.54)，并注意到式 (3.85) 和式 (3.86) 两柔度张量的拉伸部分，即式 (3.81) 与式 (3.82) 两矩阵的左上

角四分之一可被重述为

$$
\boldsymbol{M}^u = \begin{pmatrix} \dfrac{1}{E_u} & -\dfrac{\nu_u}{E_u} & -\dfrac{\nu_u'}{E_u'} \\[2mm] -\dfrac{\nu_u}{E_u} & \dfrac{1}{E_u} & -\dfrac{\nu_u'}{E_u'} \\[2mm] -\dfrac{\nu_u'}{E_u'} & -\dfrac{\nu_u'}{E_u'} & \dfrac{1}{E_u'} \end{pmatrix} = \boldsymbol{M} - C_{\text{CH}}\boldsymbol{b} \otimes \boldsymbol{b}
$$

$$
= \begin{pmatrix} \dfrac{1}{E} - C_{\text{CH}}b^2 & -\dfrac{\nu}{E} - C_{\text{CH}}b^2 & -\dfrac{\nu'}{E'} - C_{\text{CH}}bb' \\[2mm] -\dfrac{\nu}{E} - C_{\text{CH}}b^2 & \dfrac{1}{E} - C_{\text{CH}}b^2 & -\dfrac{\nu'}{E'} - C_{\text{CH}}bb' \\[2mm] -\dfrac{\nu'}{E'} - C_{\text{CH}}bb' & -\dfrac{\nu'}{E'} - C_{\text{CH}}bb' & \dfrac{1}{E'} - C_{\text{CH}}b'^2 \end{pmatrix} \tag{3.108}
$$

这实际上等价于下面四式：

$$
\frac{1}{E} - \frac{1}{E_u} = C_{\text{CH}}b^2 \tag{3.109a}
$$

$$
\frac{\nu}{E} - \frac{\nu_u}{E_u} = -C_{\text{CH}}b^2 \tag{3.109b}
$$

$$
\frac{1}{E'} - \frac{1}{E_u'} = C_{\text{CH}}b'^2 \tag{3.109c}
$$

$$
\frac{\nu'}{E'} - \frac{\nu_u'}{E_u'} = -C_{\text{CH}}bb' \tag{3.109d}
$$

但应当注意，由于式 (3.106)，此处前两式恰好满足式 (3.109a) + 式 (3.109b) = 0，因而式 (3.109b) 可被舍去。而留下来的三式仍然不是相互独立的。由于 $(C_{\text{CH}}b^2) \times (C_{\text{CH}}b'^2) = (C_{\text{CH}}bb')^2$，可以得到如下恒等式：

$$
\left(\frac{1}{E} - \frac{1}{E_u}\right)\left(\frac{1}{E'} - \frac{1}{E_u'}\right) \equiv \left(\frac{\nu'}{E'} - \frac{\nu_u'}{E_u'}\right)^2 \tag{3.110}
$$

式 (3.110) 展示的关于全渗与无渗状态下杨氏模量和泊松比的关系是一个材料恒等式，应当被实验室的岩石测量结果满足；否则该待测岩石在全渗和无渗状态下就不应当被简单地看作横观各向同性材料。

对于横观各向同性材料，材料常数的取值范围应该满足一定条件。首先，材料的柔度张量对应矩阵式 (3.81) 应当是正定的[38]，由此可得

$$E > 0,$$
$$E' > 0,$$
$$G' > 0, \tag{3.111}$$
$$-1 < \nu < 1,$$
$$E'(1 - \nu) > 2E\nu'^2$$

除此之外也要求[39]

$$0 \leqslant \alpha \leqslant 1,$$
$$0 \leqslant \alpha' \leqslant 1,$$
$$M_{\text{CH}} \geqslant 0, \tag{3.112}$$
$$\kappa > 0$$

这里有必要提醒读者的是，在横观各向同性材料中，材料正定带来的关于材料泊松比 ν 范围的要求式 (3.111) 与各向同性材料中的要求式 (1.65) 有所不同。

3.3.2　横观各向同性本构模型中平面问题的场方程

本节将针对平面应变问题给出横观各向同性多孔弹性本构模型的场方程。对于完全各向异性或是正交各向异性的材料，将本构方程代入其他基本方程整理出的结果过于繁杂，本书略去不表。

对于平面应变问题，设 x_3 方向为该平面法向，以 e_1, e_2 表示沿直角坐标系 x_1, x_2 方向的单位矢量，则梯度算子变为 $\nabla = e_1 \partial/\partial x_1 + e_2 \partial/\partial x_2$，相应的拉普拉斯算子为 $\nabla^2 = \partial^2/\partial x_1^2 + \partial^2/\partial x_2^2$。

本节依然沿用使用希腊字母的下标取值范围为 $\{1, 2\}$，而拉丁字母下标取值范围为 $\{1, 2, 3\}$ 的约定。

在 1.4.2 节中已经介绍过了多孔弹性本构中的常见的几种场方程：LN 方程、BM 协调方程、扩散方程及其背后的物理意义。本节只给出这几个方程在横观各向同性平面应变问题中的结果。

LN 方程

通过将本构方程 (式 (3.14)) 和几何关系 (式 (1.91)) 代入平衡方程 (式 (1.90))，并注意到此时横观各向同性本构的特性 (式 (D.1))，可得到由位移 u 和孔隙压力 p 表示的在该各向同性平面内的 LN 方程：

$$\frac{1}{2}\left(L_{11} - L_{12}\right) u_{\beta,\gamma\gamma} + \frac{1}{2}\left(L_{11} + L_{12}\right) u_{\gamma,\gamma\beta} - \alpha p_{,\beta} + F_\beta = 0 \qquad (3.113)$$

由本构方程 (式 (3.51)) 解出 p，通过 ε 和 ζ 表示，并代入式 (3.113) 中，可以得到由 u 和 ζ 所表示的 LN 方程：

$$\frac{1}{2}\left(L_{11} - L_{12}\right) u_{\beta,\gamma\gamma} + \frac{1}{2}\left(L_{11} + L_{12} + 2\alpha^2 M_{\mathrm{CH}}\right) u_{\gamma,\gamma\beta} - \alpha M_{\mathrm{CH}}\zeta_{,\beta} + F_\beta = 0$$
$$(3.114)$$

BM 协调方程

在平面应变问题中，由 $\varepsilon_{33} = 0$，并利用式 (3.89)，可得到 x_3 方向的应力：

$$\sigma_{33} = \frac{L_{13}}{L_{11} + L_{12}}\left(\sigma_{11} + \sigma_{22} + 2\alpha p\right) - \alpha' p \qquad (3.115)$$

而在平面应变问题中，只有一个独立的协调方程：

$$\frac{\partial^2 \varepsilon_{11}}{\partial y^2} + \frac{\partial^2 \varepsilon_{22}}{\partial x^2} = 2\frac{\partial^2 \varepsilon_{12}}{\partial x \partial y} \qquad (3.116)$$

将本构方程 (式 (3.14))、σ_{33} 的平面应变表达式 (式 (3.115))，以及平衡方程 (式 (1.90)) 代入式 (3.116)，同时利用附录 D 中的关系式 (D.7)，最终能得到在各向同性平面中的 BM 协调方程：

$$\nabla^2\left(\sigma_{11} + \sigma_{22} + \frac{L_{11} - L_{12}}{L_{11}}\alpha p\right) = -\frac{L_{11} + L_{12}}{L_{11}}\left(F_{1,1} + F_{2,2}\right) \qquad (3.117)$$

得到平面应变问题中两个有力表达式 (式 (3.115) 和式 (3.117)) 后，再配合式 (3.53)，就能发现 $\nabla^2\zeta$ 与 $\nabla^2 p$ 之间的关系，推导细节见附录 E。

$$\nabla^2\zeta = \nabla^2\left(\boldsymbol{\alpha} : \boldsymbol{M} : \bar{\boldsymbol{\sigma}}\right) + \left(\frac{1}{M_{\mathrm{CH}}} + \boldsymbol{\alpha} : \boldsymbol{M} : \boldsymbol{\alpha}\right)\nabla^2 p$$
$$= \frac{\alpha}{L_{11} + L_{12}}\nabla^2\left(\sigma_{11} + \sigma_{22} + 2\alpha p\right) + \frac{1}{M_{\mathrm{CH}}}\nabla^2 p$$

$$= \left(\frac{\alpha^2}{L_{11}} + \frac{1}{M_{\mathrm{CH}}} \right) \nabla^2 p - \frac{\alpha}{L_{11}} \left(F_{1,1} + F_{2,2} \right)$$

$$= S_{\mathrm{T}} \nabla^2 p - \frac{\alpha}{L_{11}} \left(F_{1,1} + F_{2,2} \right) \tag{3.118}$$

其中

$$S_{\mathrm{T}} = \frac{1}{M_{\mathrm{CH}}} + \frac{\alpha^2}{L_{11}} = \frac{L_{11} + \alpha^2 M_{\mathrm{CH}}}{M_{\mathrm{CH}} L_{11}} \tag{3.119}$$

是各向同性本构模型中式 (1.105) 定义的存储系数 S 在横观各向同性本构中的对应项，下标 T 表示横观各向同性材料。

扩散方程

式 (1.106) 所示的由 $\{\zeta, p\}$ 共同构成的扩散方程在横观各向同性本构中仍然适用。但化简得到仅含有 ζ 或 p 的扩散方程时需要用到横观各向同性本构所特有的性质。

将 $\nabla^2 p$ 从式 (3.118) 代入式 (1.106)，可以得到只与 ζ 有关的扩散方程：

$$\frac{\partial \zeta}{\partial t} - c_{\mathrm{T}} \nabla^2 \zeta - \frac{\alpha c_{\mathrm{T}}}{L_{11}} \nabla \cdot \boldsymbol{F} + \kappa \nabla \cdot \boldsymbol{f} = \gamma \tag{3.120}$$

其中

$$c_{\mathrm{T}} \equiv \frac{\kappa}{S_{\mathrm{T}}} = \frac{\kappa M_{\mathrm{CH}} L_{11}}{L_{11} + \alpha^2 M_{\mathrm{CH}}} \tag{3.121}$$

由 Abousleiman 与 Cui [40] 定义，它是各向同性本构模型中式 (1.108) 定义的扩散系数 c 在横观各向同性模型中的推广。

只与 p 有关的扩散方程则可以由本构关系中的式 (3.51)，通过将 ζ 代入式 (1.106) 得到：

$$\frac{\partial p}{\partial t} - \kappa M_{\mathrm{CH}} \nabla^2 p + \kappa M_{\mathrm{CH}} \nabla \cdot \boldsymbol{f} = M_{\mathrm{CH}} \gamma - M_{\mathrm{CH}} \boldsymbol{\alpha} : \frac{\partial \bar{\boldsymbol{\epsilon}}}{\partial t} \tag{3.122}$$

扩散方程的耦合特性与 1.4.2 节中讨论的结果相同：仅含有 ζ 的扩散方程式 (3.120) 不与其他物理场耦合但作为边界条件难以利用；而基于 p 的扩散方程式 (3.122) 又与应变场 $\boldsymbol{\epsilon}$ 双向耦合。

以 $\{\boldsymbol{u}, p\}$ 为基本未知数的方程组由 LN 方程式 (3.113) 与扩散方程式 (3.122) 构成；以 $\{\boldsymbol{u}, \zeta\}$ 为基本未知数的方程组则由 LN 方程式 (3.114) 与扩散方程式 (3.120) 构成。它们所需的边界条件在 1.4.1 节已有讨论。

与 1.4.2 节中各向同性的情况类似，在某些特殊条件下，横观各向同性介质中关于 p 的扩散方程式 (3.122) 也可以被解耦。首先，由附录 E 中的式 (E.6)，将 ζ 代入原始扩散方程 (式 (1.106))，可以得到下述耦合了 $\bar{\sigma}$ 和 p 的扩散方程：

$$\frac{\partial p}{\partial t} - c_{\mathrm{T}} \nabla^2 p = -\frac{\alpha}{L_{11} + L_{12}} \frac{1}{S_{\mathrm{T}}} \frac{\partial}{\partial t} \left(\sigma_{11} + \sigma_{22} + \frac{2\alpha G}{L_{11}} p \right) - c_{\mathrm{T}} \nabla \cdot \boldsymbol{f} + \frac{1}{S_{\mathrm{T}}} \gamma \tag{3.123}$$

该方程与式 (1.110) 的形式非常类似，但方程中各项系数不同。与 1.4.2 节中扩散方程解耦过程类似，也可以得到对于横观各向同性轴对称平面应变问题，当求解域为无穷大 $(a \leqslant r < \infty)$，并忽略流体源项 γ 和体力项 $\boldsymbol{F}$, $\boldsymbol{f}$ 时，平面内应力之和 $\sigma_{\gamma\gamma}$ 与孔隙压力 p 存在如下恒等式：

$$\sigma_{11}(r,t) + \sigma_{22}(r,t) + \frac{2\alpha G}{L_{11}} p(r,t) = 0 \tag{3.124}$$

推导中用到了 BM 协调方程式 (3.117)，也用到了式 (1.112) 给出的轴对称下拉普拉斯算子 ∇^2 的化简。由式 (3.124) 可进一步得到关于 p 解耦后的扩散方程：

$$c_{\mathrm{T}} \left[\frac{\partial^2 p}{\partial r^2} + \frac{1}{r} \frac{\partial p}{\partial r} \right] = \frac{\partial p}{\partial t} \tag{3.125}$$

3.3.3　等效各向同性模型

本节将给出一种把任何一个各向同性本构模型中的已知解转换到横观各向同性本构模型中的方法：该方法通过仔细地选择材料常数，可构造出一个等效各向同性本构模型，实现解之间的转换。接下来的小节将详细描述如何构造这么一个等效各向同性模型，以及这个方法所受到的约束。在将解转换到横观各向同性模型中之后，所有各向同性平面之外的应力 $(\sigma_{zz}, \sigma_{xz}, \sigma_{yz})$ 都要重新计算。

在讨论如何构造等效各向同性模型之前，先给出构造模型所需的基本假设：

(1) 待求解的横观各向同性模型是平面应变 (或广义平面应变) 问题；

(2) 平面应变问题所在的平面和横观各向同性本构中的各向同性平面平行。

　　在 1.4.2 节和 3.3.2 节中给出各向同性模型和横观各向同性模型的场方程时即可发现，两者的方程形式非常接近。因而可以通过仔细地构造一个特殊的各向同性本构模型，使其中的材料常数都和目标的横观各向同性本构模型有着一定的关联规则。如果将关联规则代入各向同性模型的场方程后得到的方程恰好是所要求解的横观各向同性的场方程，那么之前已知的各向同性本构中某问题的解，就可以通过代换常数的方法立刻得到对应的横观各向同性本构中的解。

　　本节将分两部分讨论该过程：首先需要构造出材料常数之间的关联规则；其次对于一些无法直接关联到各向同性本构的场方程、但是能够退化到各向同性本构模型的"材料常数组合"定义为新的常数。这个"材料常数组合"代表一个假想 (虚拟) 的各向同性材料，利用它们和各向同性材料的某问题的已知解，就可以得到要求解的横观各向同性实际材料该问题的解 (但不完全处于各向同性平面 xOy 中的场需要重新计算)。

3.3.3.1　为等效各向同性平面应变模型构造关联规则

　　比较横观各向同性本构模型 3.3.2 节和各向同性本构模型 1.4.2 节中的场方程，即比较下列六组中的各一对方程：

　　(a) $\boldsymbol{u}$ 和 p 构成的 LN 方程：式 (3.113) 和式 (1.98)；

　　(b) $\boldsymbol{u}$ 和 ζ 构成的 LN 方程：式 (3.114) 和式 (1.99)；

　　(c) $\boldsymbol{u}$ 和 p 构成的扩散方程：式 (3.122) 和式 (1.109)；

　　(d) ζ 构成的扩散方程：式 (3.120) 和式 (1.107)；

　　(e) $\boldsymbol{\sigma}$ 和 p 构成的 BM 方程：式 (3.117) 和式 (1.103)；

　　(f) 无穷大域中解耦的 p 构成的扩散方程：式 (3.125) 和式 (1.116)。

可见其中各组方程除了系数不同之外没有本质区别。

　　通过将上述六组方程逐个比较，要求每一组中的一对方程各项对应的系数相等，可得到如下系数对比结果。其中，为区分虚拟的各向同性材料和实际的横观各向同性材料，在所有构造出的虚拟材料常数上面都加上了"＾"标记：

(a) $\hat{G} = \dfrac{1}{2}\left(L_{11} - L_{12}\right)$,

$\qquad \dfrac{\hat{G}}{1 - 2\hat{\nu}} = \dfrac{1}{2}\left(L_{11} + L_{12}\right)$,

$\qquad \hat{\alpha} = \alpha$

(b) $\hat{G} = \dfrac{1}{2}\left(L_{11} - L_{12}\right),$

$\dfrac{\hat{G}}{1 - 2\hat{\nu_u}} = \dfrac{1}{2}\left(L_{11} + L_{12} + 2\alpha^2 M_{\text{CH}}\right),$

$\hat{\alpha}\hat{M}_{\text{CH}} = \alpha M_{\text{CH}}$

(c) $\hat{\kappa}\hat{M}_{\text{CH}} = \kappa M_{\text{CH}},$

$\hat{\alpha}\hat{M}_{\text{CH}} = \alpha M_{\text{CH}}$

其中基于各向同性材料常数间应满足的关系式 (式 (1.64)) 定义:

$$\hat{M}_{\text{CH}} = \dfrac{2\hat{G}(\hat{\nu_u} - \hat{\nu})}{\hat{\alpha}^2(1 - 2\hat{\nu_u})(1 - 2\hat{\nu})} \tag{3.126}$$

(d) $\hat{c} = c_{\text{T}}$

(e) $2\hat{\eta} = \dfrac{L_{11} - L_{12}}{L_{11}}\alpha$

其中基于式 (1.62) 定义:

$$\hat{\eta} = \dfrac{\hat{\alpha}(1 - 2\hat{\nu})}{2 - 2\hat{\nu}} \tag{3.127}$$

(f) $\hat{c} = c_{\text{T}}$

先暂时假设构造的 $\hat{M}_{\text{CH}}$ 恰好等于目标 M_{CH}, $\hat{M}_{\text{CH}} \overset{\text{暂}}{=} M_{\text{CH}}$, 则上述六组方程组的解为

$$\hat{G} = \dfrac{1}{2}\left(L_{11} - L_{12}\right) \tag{3.128a}$$

$$\hat{\nu} = \dfrac{L_{12}}{L_{11} + L_{12}} \tag{3.128b}$$

$$\hat{\nu_u} = \dfrac{L_{12} + \alpha^2 M_{\text{CH}}}{L_{11} + L_{12} + 2\alpha^2 M_{\text{CH}}} \tag{3.128c}$$

$$\hat{\alpha} = \alpha \tag{3.128d}$$

$$\hat{\kappa} = \kappa \tag{3.128e}$$

$$\hat{S} \equiv \dfrac{(1 - 2\hat{\nu})(1 - \hat{\nu_u})}{\hat{M}_{\text{CH}}(1 - \hat{\nu})(1 - 2\hat{\nu_u})} = \dfrac{L_{11} + \alpha^2 M_{\text{CH}}}{L_{11} M_{\text{CH}}} \equiv S_{\text{T}} \tag{3.128f}$$

$$\hat{c} \equiv \dfrac{\hat{\kappa}}{\hat{S}} = \dfrac{\kappa}{S_{\text{T}}} = \dfrac{\kappa M_{\text{CH}} L_{11}}{L_{11} + \alpha^2 M_{\text{CH}}} \equiv c_{\text{T}} \tag{3.128g}$$

$$\hat{\eta} \equiv \frac{\hat{\alpha}(1 - 2\hat{\nu})}{2 - 2\hat{\nu}} = \frac{\alpha\,(L_{11} - L_{12})}{2L_{11}} \tag{3.128h}$$

上式中，式 (3.128f) 和式 (3.128g) 两端与式 (3.128h) 左端的等号 (以 "$\equiv$" 表示) 分别来自式 (1.105)，式 (3.119)，式 (1.108)，式 (3.112) 和式 (1.62)。式 (3.128f) 的等式 ("$=$" 表示) 利用了式 (3.128b,c)。将式 (3.128a) $\sim$ 式 (3.128d) 代入式 (3.126) 可验证上述暂时假设成立：

$$\hat{M}_{\mathrm{CH}} = M_{\mathrm{CH}} \tag{3.128i}$$

因此虚拟的各向同性材料常数式 (3.128a) $\sim$ 式 (3.128i) 满足本节开头所述的 (a) $\sim$(f) 全部六组要求。

这些联系都启发我们构造一个**等效各向同性多孔弹性材料**。该等效各向同性材料应当是自我保持一致的，且所有假想材料中的材料常数都应该基于转换规则式 (3.128a) $\sim$ 式 (3.128i) 从真实的横观各向同性材料中给出。将这些转换规则代入各向同性场方程 (1.4.2 节) 之后，得到的结果应该和横观各向同性的场方程 (3.3.2 节) 保持一致。

对于横观各向同性多孔弹性模型，除了渗透率 κ 之外，应当有八个独立的材料常数 $\{L_{11}, L_{12}, L_{13}, L_{33}, L_{55}, \alpha, \alpha', M_{\mathrm{CH}}\}$，见式 (3.105)。但对于各向同性多孔弹性本构，只有四个独立的材料常数。这里采用下面的四个常数作为基本材料常数：

$$\{G, \nu, \nu_u, \alpha\} \tag{3.129}$$

再加上额外的渗透率 κ。因而变换规则式 (3.128a) $\sim$ 式 (3.128e) 是最基本的规则，而其他在式 (3.128) 中提到的变换规则都可以由基本规则得到。应当注意的是，除了 κ 之外，只有四个横观各向同性模型中的常数涉及，即 $\{L_{11}, L_{12}, \alpha, M_{\mathrm{CH}}\}$。

值得注意的是，在式 (3.128b) 和式 (3.128c) 中所给出的关系式只是变换规则，而真实的横观各向同性材料中 ν 和 ν_u 的关系在式 (D.3) 和式 (D.9) 中给出了。由此也可以判断出 $\hat{\nu} \neq \nu$，且 $\hat{\nu}_u \neq \nu_u$。然而，当横观各向同性模型退化到各向同性模型时，即令

$$\begin{aligned} L_{33} &= L_{11}, \\ L_{13} &= L_{12}, \\ L_{55} &= \frac{L_{11} - L_{12}}{2}, \\ \alpha' &= \alpha \end{aligned} \tag{3.130}$$

则这两个等效各向同性系数 $\hat{\nu}, \hat{\nu_u}$ 会分别和退化后的各向同性材料系数 ν, ν_u 相等。

为完整起见，将其他没有在控制方程中用到，但是对井眼问题有价值的各向同性材料常数列在式 (3.131) 中。

$$\hat{E} = 2\hat{G}\left(1 + \hat{\nu}\right) = \frac{\left(L_{11} - L_{12}\right)\left(L_{11} + 2L_{12}\right)}{L_{11} + L_{12}} \tag{3.131a}$$

$$\hat{E}_u = 2\hat{G}\left(1 + \hat{\nu_u}\right) = \frac{\left(L_{11} - L_{12}\right)\left(L_{11} + 2L_{12} + 3\alpha^2 M_{\mathrm{CH}}\right)}{L_{11} + L_{12} + 2\alpha^2 M_{\mathrm{CH}}} \tag{3.131b}$$

$$\hat{K} = \frac{2\hat{G}(1 + \hat{\nu})}{3(1 - 2\hat{\nu})} = \frac{1}{3}\left(L_{11} + 2L_{12}\right) \tag{3.131c}$$

$$\hat{B} = \frac{3\left(\hat{\nu_u} - \hat{\nu}\right)}{\hat{\alpha}(1 - 2\hat{\nu})(1 + \hat{\nu_u})} = \frac{3\alpha M_{\mathrm{CH}}}{L_{11} + 2L_{12} + 3\alpha^2 M_{\mathrm{CH}}} \tag{3.131d}$$

$$\hat{C}_{\mathrm{CH}} = \frac{\hat{\alpha}}{\hat{B}\hat{K}} = \frac{L_{11} + 2L_{12} + 3\alpha^2 M_{\mathrm{CH}}}{\left(L_{11} + 2L_{12}\right)M_{\mathrm{CH}}} \tag{3.131e}$$

3.3.3.2　新材料常数的构造

除了式 (3.119) 和式 (3.121) 中给出的由各向同性模型推广而来的 S_{T} 和 c_{T} 之外，为简化后续章节中的表达式，本节将定义一些在横观各向同性本构模型中存在的新材料常数。

受到式 (3.128h) 启发，在横观各向同性多孔弹性材料中定义第 1 个新的材料常数 η：

$$\eta \equiv \frac{\alpha}{2} - \frac{\alpha L_{12}}{2L_{11}} = \frac{\alpha G}{L_{11}} = \hat{\eta} \tag{3.132}$$

在各向同性模型中存在一个无量纲常数 $\eta = \alpha(1 - 2\nu)/(2 - 2\nu)$，见式 (1.62)，也称作"多孔弹性应力系数"。式 (3.132) 定义的横观各向同性模型的 η 是由各向同性模型直接推广而来的，且该材料常数只与横观各向同性模型中的各向同性平面内的性质有关。

应当注意，尽管此处定义的 η 和 3.3.3.1 节中式 (3.128h) 定义的 $\hat{\eta}$ 表达式结果上相等，但此处的 η 是定义在横观各向同性本构关系中的新常数，而式 (3.128h) 中的 $\hat{\eta}$ 是定义在等效各向同性本构关系中的常数。此外，由式 (1.62) 中定义的各向同性材料中的 η 表达式并不适用于横观各向同性材料，这是因为式 (1.62) 中定义各向同性的 η 时使用的 ν 在横观各向同性本构模型中要参考式 (D.3) 给出的转换关系，因而得到的 η 表达式会与式 (3.132) 不符。

第 2 个新的材料常数为

$$W \equiv \frac{\alpha M_{\text{CH}}}{L_{11} + L_{12} + 2\alpha^2 M_{\text{CH}}} \tag{3.133}$$

它是受式 (3.131d) 启发得到的，由各向同性模型中的 $(\nu_u - \nu)/(\alpha - 2\alpha\nu) = B(1 + \nu_u)/3$ 推广得到。

除了要得到各向同性平面内的解之外，垂直于各向同性平面的应力 σ_{zz} 和面外材料常数 α' 和 ν' 也有关。第 3 个新材料常数 $\tilde{\eta}$ 受此启发被定义为

$$\tilde{\eta} \equiv \frac{\alpha'}{2} - \frac{\alpha L_{13}}{2L_{11}} = \frac{\alpha'}{2} - \nu'(\alpha - \eta) \tag{3.134}$$

从表达式来看，式 (3.134) 和式 (3.132) 有些相似。但应当注意，一般来说都有 $\eta \neq \tilde{\eta}$，仅当由式 (3.130) 退化到各向同性本构后，$\tilde{\eta}$ 和 η 才都会变为 $\alpha(1 - 2\nu)/(2 - 2\nu)$，如同式 (1.62)。这也是定义的 $\tilde{\eta}$ 符号中使用 η 表示的原因。

由式 (3.111) 和式 (3.112) 可得，这里新定义的材料常数 $\eta, \tilde{\eta}, W$ 的可取范围为

$$\eta < \alpha \tag{3.135a}$$

$$0 < \eta < \frac{1}{2} \tag{3.135b}$$

$$\tilde{\eta} < \frac{1}{2} \tag{3.135c}$$

$$0 < W < \frac{1}{2\eta} \tag{3.135d}$$

此外，如果假设泊松比为正 $(\nu > 0, \ \nu' > 0)$，则进一步有

$$\eta < \frac{\alpha}{2} \tag{3.135e}$$

$$\tilde{\eta} < \frac{\alpha'}{2} \tag{3.135f}$$

在第 4 章中, 对于横观各向同性介质中的井眼问题, 将采用本节所述的等效各向同性模型的转换方案从第 2 章中直接得到面内全场解, 避免了如下费力做法: 重新在横观各向同性多孔本构模型中分拆问题为地应力和三个模式, 然后再次利用拉普拉斯变换得到频域空间解。

3.3.4　关于横观各向同性多孔弹性材料常数测量方案的讨论

如 3.3.1 节所述, 横观各向同性多孔弹性材料中有八个独立的材料常数, 因而至少八次独立测量是必须的。本节将介绍一种只需要两次无渗实验、一次全渗实验即可得到全部八个独立常数的测量方案[41], 如图 3.2 所示。

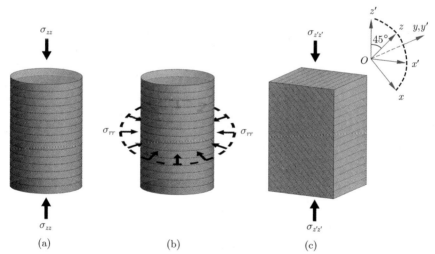

图 3.2　横观各向同性多孔弹性材料常数测量方案示意图 (后附彩图)

(a) 无渗实验 (轴向); (b) 无渗实验 (环向); (c) 全渗 (干) 实验

在 Springer Nature 的授权下再出版, 摘自 GAO Y, LIU Z , ZHUANG Z, & HWANG, K -C. On the material constants measurement method of a fluid-saturated transversely isotropic poroelastic medium. Science China Physics, Mechanics & Astronomy, 2019, 62(1): 014611. 授权通过 Copyright Clearance Center, Inc 发送。

本节将使用 z 轴方向表示材料自身的旋转对称轴向, 该方向垂直于横观各向同性材料的各向同性平面 xOy。此外, 本节还将使用 z' 轴表示加载机的竖直加载方向。z 轴向与 z' 轴向的区别只出现在全渗实验中 (即图 3.2(c)), 见 3.3.4.2 节。

3.3.4.1   无渗实验

Tarokh [19] 曾介绍了一种圆柱样品的加载实验装置，该装置将样品用圆柱形容器包裹起来，并确保圆柱的侧壁面和上、下底面可以分别独立加载 σ_{rr} 和 σ_{zz}。除此之外，在容器上还钻有一个小孔，使得样品内的孔隙流体可以由外侧通过泵独立加压，该孔上还可以连接流量计。在无渗实验中，这个小孔被关闭了，只留下测量样品孔隙压力的功能。对于该圆柱容器，Tarokh [19] 也介绍了测量轴向应变 ε_{zz} 和环向应变 $\varepsilon_{\theta\theta}$ 的工具，不过该容器不易测量径向应变 ε_{rr}。

在本节的无渗实验中，圆柱形样品的母线沿着横观各向同性材料自身的旋转对称轴 z 方向加载，故加载方向 z' 与 z 方向重合。

轴向无渗压缩实验

本实验只在圆柱样品的轴向加载，如图 3.2(a) 所示：

$$\begin{cases} \sigma_{zz} \text{ 加载} \\ \sigma_{rr} = \tau_{r\theta} = 0 \\ \zeta = 0 \end{cases} \tag{3.136}$$

显然，此时应变响应为

$$\varepsilon_{rr} = \varepsilon_{\theta\theta} = -\frac{\nu_u'}{E_u'}\sigma_{zz} \tag{3.137a}$$

$$\varepsilon_{zz} = \frac{1}{E_u'}\sigma_{zz} \tag{3.137b}$$

$$p = -b'\sigma_{zz} \tag{3.137c}$$

因而在测量 $\{\varepsilon_{\theta\theta}, \varepsilon_{zz}, p\}$ 后，可求得材料常数 $\{E_u', \nu_u', b'\}$。

环向无渗压缩实验

在圆柱样品容器的侧壁加静水压力，而不加轴向应力，如图 3.2(b) 所示：

$$\begin{cases} \sigma_{rr} \text{ 加载} \\ \sigma_{zz} = 0 \\ \tau_{r\theta} = 0 \\ \zeta = 0 \end{cases} \tag{3.138}$$

也可得到本实验的应变响应：

$$\varepsilon_{rr} = \varepsilon_{\theta\theta} = \frac{1-\nu_u}{E_u}\sigma_{rr} \tag{3.139a}$$

$$\varepsilon_{zz} = -\frac{2\nu_u'}{E_u'}\sigma_{rr} \tag{3.139b}$$

$$p = -2b\sigma_{rr} \tag{3.139c}$$

只需要测量 $\varepsilon_{\theta\theta}$ 和 p，就可以获得材料常数 b 和比值 $(1-\nu_u)/E_u$。此外，测量 ε_{zz} 可看作对轴向无渗实验中测得的 $\{E_u', \nu_u'\}$ 的一次检验。

3.3.4.2　全渗实验

Makhnenko [20] 与 Tarokh [19] 都在其博士学位论文中介绍了一种便于操作的干样品实验，用以替代复杂的全渗实验。在传统的全渗实验中，需要将饱和的样品装入如 3.3.4.1 节中描述的圆柱容器中，并在每次加载后都等待充分长的时间，同时测量容器内的孔隙压力；在孔隙压力不再变化后，才认为样品达到全渗状态。

而干样品实验则与之不同。该实验方案直接加热烘干样品，蒸发其中的孔隙流体，并将样品暴露在大气中做力学实验。一般来说，这种情况下样品中的流体 (空气) 孔隙压力保持为大气压。Sampath [42] 分别测量了浸润了蒸馏水和氮气的砂岩的材料常数，发现两实验的测量结果差异甚微；但使用蒸馏水的实验等待平衡状态的时间远长于使用氮气的实验。因此，对于液体浸润的全渗实验，可以由干样品实验替代测量材料常数。

在 Biot 多孔弹性本构模型的框架中，应力增量 $(\bar{\sigma}, p)$ 与应变增量 $(\bar{\epsilon}, \zeta)$ 之间的关系被假设为线性的，且材料常数也被认为是和应力增量与应力初值 (σ_0, p_0) 无关的值。因此，对于干样品实验，孔隙压力增量 $p = 0$，就可以利用式 (3.30) $\bar{\epsilon} = \boldsymbol{M} : \bar{\sigma}$，测得全渗弹性张量 $\boldsymbol{M}$。这里也假设蒸发孔隙流体的预加热过程对于固体骨架中的液岛只有微小影响，因而式 (3.19) 中的 $\boldsymbol{M}^s$ 与 $\boldsymbol{m}^s$ 在预加热过程中基本保持不变。

为了得到面外剪切模量 G' (式 (3.107))，需要构造一个加载方向 z' 与材料旋转对称轴 z 方向之间夹角为 $45°$ 的倾斜材料实验。本节设计的干样品实验如图 3.2(c) 所示，其中在 $\{x', y', z'\}$ 三个方向上都贴有应变片。实验中 y 方向与 y' 方向保持一致；而 z' 轴在 xOz 平面内，满足 $\angle zOz' = 45°$ 且 $\angle xOz' = 135°$。该实验进行下述加载：

$$\begin{cases} \sigma_{z'z'} \text{ 加载} \\ \sigma_{x'x'} = \sigma_{y'y'} = 0 \\ \tau_{x'y'} = \tau_{y'z'} = \tau_{x'z'} = 0 \\ p = 0 \end{cases} \tag{3.140}$$

其应变响应为[19,41]

$$\varepsilon_{x'x'} = \left(\frac{1}{4E} + \frac{1}{4E'} - \frac{\nu'}{2E'} - \frac{1}{4G'} \right) \sigma_{z'z'} \tag{3.141a}$$

$$\varepsilon_{y'y'} = \left(-\frac{\nu'}{2E'} - \frac{\nu}{2E} \right) \sigma_{z'z'} \tag{3.141b}$$

$$\varepsilon_{z'z'} = \left(\frac{1}{4E} + \frac{1}{4E'} - \frac{\nu'}{2E'} + \frac{1}{4G'} \right) \sigma_{z'z'} \tag{3.141c}$$

$$\varepsilon_{x'z'} = \left(\frac{1}{2E'} - \frac{1}{2E} \right) \sigma_{z'z'} \tag{3.141d}$$

请注意在 3.3.4.3 节的分析过程中只利用了式 (3.141) 中的正应变 $\{\varepsilon_{x'x'}, \varepsilon_{y'y'}, \varepsilon_{z'z'}\}$。

具体求得材料常数的方法见 3.3.4.3 节。

3.3.4.3　获得材料常数

在完成 3.3.4.1 节和 3.3.4.2 节的实验之后，发现材料常数 $\{E'_u, \nu'_u, b, b'\}$ 可以由式 (3.137) 和式 (3.139c) 很容易得到，而另外四个常数 $\{E_u, \nu_u, C_{CH}, G'\}$ 则需要一定的计算。

为简化本节后续的表达式，由式 (3.139a) 和式 (3.141a) ∼ 式 (3.141c) 可定义如下四个参数：

$$K_1 = \frac{\varepsilon_{\theta\theta}}{\sigma_{rr}} = \frac{1 - \nu_u}{E_u} \tag{3.142a}$$

$$K_2 = \frac{\varepsilon_{x'x'}}{\sigma_{z'z'}} = \frac{1}{4E} + \frac{1}{4E'} - \frac{\nu'}{2E'} - \frac{1}{4G'} \tag{3.142b}$$

$$K_3 = \frac{\varepsilon_{y'y'}}{\sigma_{z'z'}} = -\frac{\nu'}{2E'} - \frac{\nu}{2E} \tag{3.142c}$$

$$K_4 = \frac{\varepsilon_{z'z'}}{\sigma_{z'z'}} = \frac{1}{4E} + \frac{1}{4E'} - \frac{\nu'}{2E'} + \frac{1}{4G'} \tag{3.142d}$$

式中，K_1 在 3.3.4.1 节中的环向无渗实验中测得，K_2，K_3 和 K_4 在 3.3.4.2 节的全渗实验中测得。

利用式 (3.108)，可证得 $K_1 \sim K_4$ 与待求的 $\{E_u, \nu_u, C_{\mathrm{CH}}, G'\}$ 之间存在关系：

$$K_1 = \frac{1 - \nu_u}{E_u} \tag{3.143a}$$

$$K_3 = -\frac{\nu'_u}{2E'_u} - \frac{\nu_u}{2E_u} + \frac{1}{2}C_{\mathrm{CH}}(b^2 + bb') \tag{3.143b}$$

$$K_4 - K_2 = \frac{1}{2G'} \tag{3.143c}$$

$$K_4 + K_2 = \frac{1}{2E_u} + \frac{1}{2E'_u} - \frac{\nu'_u}{E'_u} + \frac{1}{2}C_{\mathrm{CH}}\left(b^2 + b'^2 + 2bb'\right) \tag{3.143d}$$

因而 G' 可以由式 (3.143c) 直接求得：

$$G' = \frac{1}{2(K_4 - K_2)} \tag{3.144}$$

而剩下的几个常数 $\{C_{\mathrm{CH}}, E_u, \nu_u\}$ 则需要求解方程组。最终得到

$$C_{\mathrm{CH}} = \frac{2\left(K_2 + K_3 + K_4\right) - K_1 + \left(3\nu'_u - 1\right)/E'_u}{2b^2 + 3bb' + b'^2} \tag{3.145}$$

$$E_u = \frac{1}{K_1 - 2K_3 - \nu'_u/E'_u + C_{\mathrm{CH}}\left(b^2 + bb'\right)} \tag{3.146}$$

$$\nu_u = 1 - K_1 E_u \tag{3.147}$$

小结一下，可以通过以下步骤依次获得八个独立的材料常数：

(1) 根据 3.3.4.1 节和 3.3.4.2 节中的说明，完成两次无渗实验和一次干样品全渗实验。

(2) 分别利用式 (3.137b)、式 (3.137a)、式 (3.137c) 和式 (3.139c)，通过测量结果直接获得材料常数 $\{E'_u, \nu'_u, b, b'\}$。

(3) 利用已知的 $\{E'_u, \nu'_u, b, b'\}$，依次利用式 (3.144) ~ 式 (3.147) 求得 $\{G', C_{\text{CH}}, E_u, \nu_u\}$。

在获得了 $\{E_u, \nu_u, E'_u, \nu'_u, G', C_{\text{CH}}, b, b'\}$ 这八个独立的材料常数之后，其他所有本构中的材料常数就都可以利用 3.3.1 节中给出的材料常数关系求出。例如，全渗柔度张量 M 中的 $\{E, \nu, E', \nu'\}$ 可以由式 (3.108) 求出。

3.3.4.4 对全渗实验的讨论

在 3.3.4.2 节中设计干样品全渗实验时，对于孔隙流体流入的量 (折算体积分数)ζ 的测量被刻意避免了。这是因为对 ζ 测量时需要小心地考虑流体、容器和测量设备的可压缩性带来的影响。实际上，在全渗实验中的孔隙体积变化量 ΔV_p 非常难以精确测量[19]。

另一方面，在 3.3.4.3 节中，全渗柔度张量中的几个材料常数需要经过复杂的处理才能被计算得出。但实际上，它们可以通过对 3.3.4.2 节中的实验做微小的修改而被直接测得。在图 3.3 中展示了两个新设计的长方体干样品单轴压缩实验。它们和图 3.2(c) 中的干样品实验模式基本一致，只是各向同性平面对称轴的朝向不同：分别为 $\angle zOz' = 0°$ 和 $\angle zOz' = 90°$。

在图 3.2(c) 中所述的 45° 倾斜的单轴压缩实验，主要目标为利用式 (3.144) 测量 G' 的值，因此还需被保留。而图 3.3 中的实验将只用来测量 $\{E', \nu'\}$ 和 $\{E, \nu\}$。测得的结果也可利用几个恒等式，如式 (3.108) 和式 (3.110)，来校核其他实验测得的材料常数。

在完成了如图 3.2 和图 3.3 所示的五个实验之后，其他几个材料常数可以很方便地求出：

$$C_{\text{CH}} = \frac{\nu'_u/E'_u - \nu'/E'}{bb'} \tag{3.148}$$

$$E_u = \frac{2E}{1 + \nu + K_1 E} \tag{3.149}$$

$$\nu_u = \frac{1 + \nu - K_1 E}{1 + \nu + K_1 E} \tag{3.150}$$

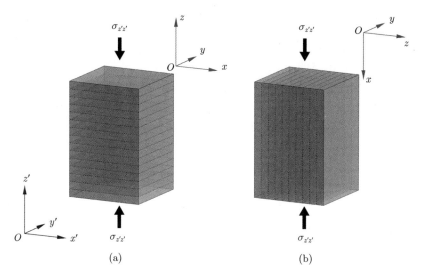

图 3.3　为提高测量精度所附加的两个干样品实验

(a) 全渗 (干) 实验 ($\angle zOz' = 0°$)；(b) 全渗 (干) 实验 ($\angle zOz' = 90°$)

在 Springer Nature 的授权下再出版，摘自 GAO Y, LIU Z , ZHUANG Z, & HWANG, K -C. On the material constants measurement method of a fluid-saturated transversely isotropic poroelastic medium. Science China Physics, Mechanics & Astronomy, 2019, 62(1): 014611. 授权通过 Copyright Clearance Center, Inc 发送。

若实验者偏好减少总的测量次数，只采用如图 3.2 所示的测量方案也是足够的；若实验者希望提高测量精度，那么本节建议再加上如图 3.3 所示的两个实验。

第 4 章 横观各向同性多孔弹性介质中的井眼安全校核

第 2 章讨论了在各向同性的多孔弹性介质中，井眼工作压力要怎样才不会导致井壁发生拉伸或剪切破坏，并由此得到井眼工作压力安全区的范围。在由沉积成岩作用而形成的沉积岩中，岩石性质往往在竖直方向与水平方向差异很大。在力学上，这种特征可以由横观各向同性表述：即介质中存在一个各向同性平面，在该面内的介质变形类似于各向同性材料；而在垂直于这个平面的方向上，介质则表现出另一种力学性质。

3.3 节已经讨论了横观各向同性多孔弹性本构模型的性质，给出了平面应变条件下该问题的场方程。本章将针对横观各向同性本构模型中的井眼问题进行安全校核，即在本构模型 3.3.1 节和场方程 3.3.2 节的基础上，沿用 2.2 节给出的井眼校核问题力学描述。分析由式 (2.2) 给出的初始地应力边界条件，以及式 (2.3) 作为 $r = a$ 处的井壁边界条件的井眼问题。

3.3 节还得到了一种**等效各向同性模型**的构造方法，可以从各向同性井眼问题的解转化得到横观各向同性平面应变井眼问题中的解。该方法通过仔细地选择材料常数，构造出一个等效各向同性本构模型，实现解之间的转换。基于这个新方法，在第 2 章得到的关于井眼问题的各向同性解就可以被轻松地转换到横观各向同性本构中，避免了如 Cui [43]、或是 Abousleiman 和 Cui [40] 提到的重新进行复杂的拉普拉斯变换和逆变换过程。基于面内的转换结果和面外利用平面应变条件新求得的应力，重新应用 2.3 节中描述的拉伸和剪切破坏准则，就可以得到针对该本构模型的井眼工作压力安全范围。

为了简化横观各向同性的井眼问题，本章将增加下面两个额外的假设：①井眼母线方向垂直于岩石的各向同性平面；②地应力的三个主应力中，有一个方向也垂直于岩石的各向同性平面。若岩石的各向同性平面在水平方向，则这两个假设意味着地应力有一主方向为竖直方向，且井眼方向也是竖直的。在这两个假设的基础上，3.3.3 节中给出的等效各向同性模型就可以顺利得到应用。

对于横观各向同性多孔弹性介质中的井眼问题，前人已经有过一些研究。但是这些研究大多是 Detournay 与 Cheng [29] 的各向同性解中的扩展，即依然依赖于拉普拉斯数值逆变换的方法，而不能给出直接的临界井眼安全压力代数表达式。例如，Cui [43] 在博士学位论文中将 Detournay 与 Cheng [29] 的拉普拉斯变换方案进行了推广，给出了将井眼问题在横观各向同性本构中分拆为三个不同模式后，依次进行拉普拉斯变换的分析结果。对于拉普拉斯变换得到的频域空间解，Cui [43] 也只进行了数值逆变换，并对于 $\sigma_{rr} \geqslant \sigma_{zz} \geqslant \sigma_{\theta\theta}$ 情况下的剪切破坏进行了简要分析。

作为 Cui 博士学位论文的指导教师，Abousleiman 与 Cui [40] 整理了 Cui 博士学位论文[43] 中的变换结果，并通过构造新的常数简化了场方程和最终的拉普拉斯变换结果表达式，但没有得到更新的结论。

Abousleiman 等人[44] 在 Cui 的博士学位论文[43] 和 Cui 等人[30] 工作的基础上，综合考虑了倾斜井眼在横观各向同性本构模型介质中的安全校核问题。但这些工作都止步于拉普拉斯变换后的频域空间中的解，之后只能依赖拉普拉斯数值逆变换分析在特定载荷情况下给定了材料属性的岩石是否会破坏，因而无法给出一个方便可用的校核准则。

Abousleiman 工作组之后在此基础上综合考虑了多物理场耦合下的井眼安全校核问题，例如孔隙流体-化学-弹性场耦合[45]、孔隙流体-热-弹性场耦合[46]、孔隙流体-化学-热-弹性场耦合[47]，以及考虑了双重孔隙理论的校核[48-49]、双重孔隙流体-化学-弹性场耦合[50] 等。

4.1　问题求解

本节采用等效各向同性模型的转换方法，得到横观各向同性模型平面应变井眼问题的解。2.4.1 节为了分析该井眼问题，利用叠加原理将边界条件分解为原始地应力与三个独立的待求解模式。而这一思路在本章使用等效各向同性的模型转换方法分析时变得不必要了。本章将直接给出从 2.4.2 节转换得到的横观各向同性模型下的解。需要注意的是，在 2.4.4 节中，为了简化问题求解而忽略了滤饼效应，即假设了井壁表面的法向应力载荷 p_w 和液压载荷 p_i 相等。本章将不再采用该简化。

4.1.1　横观各向同性井眼问题中的全场解

利用 3.3.3 节中构造的等效各向同性材料，所有各向同性模型中的场方程就可以通过式 (3.128) 转换到横观各向同性平面应变问题中。因此，各向同性本构井眼问题 (2.4.2节) 中得到的 xy 平面的解就可以简单地通过式 (3.128) 转换到横观各向同性井眼问题中。

而与各向同性平面相垂直的应力 σ_{zz} 与等效各向同性模型无关，需要重新计算。此时有

$$
\begin{aligned}
\sigma_{zz} &= -\sigma_V + \nu' \sum_{i=1}^{3} \sigma_{\gamma\gamma}^{(i)} - \left(\alpha' - 2\nu'\alpha\right) \sum_{i=1}^{3} p^{(i)} \\
&= -\sigma_V + \nu' \left(\sigma_{rr} + \sigma_{\theta\theta} + 2P_0\right) - \left(\alpha' - 2\nu'\alpha\right) \left(p - p_0\right)
\end{aligned} \tag{4.1}
$$

式中，记号与式 (2.25) 类似，上标 (i) 表示模式 i 的解，而重复的 γ 表示对 $\gamma = 1, 2$ 求和。此外，式 (4.1) 和本节之后的表达式中，没有上标 (i) 的 $\{\sigma_{rr}, \sigma_{\theta\theta}, \sigma_{zz}, \sigma_{r\theta}, p(r, \theta, t)\}$ 表示整个求解域的应力场的全部时间历史，即图 2.4 的左侧解。

将式 (3.128) 中构造出的材料常数代入 2.4.2 节，即可得到在瞬时 $(t = 0^+)$ 和长时 $(t \to \infty)$ 的全场解。

4.1.1.1　全场瞬时解

和 2.4.2.1 节中情况一样，瞬时解在 $r = a$ 处会出现间断。也就是说，当 $t = 0^+$ 时，在井壁边界 $(r = a)$ 上和岩石内部 $(r > a)$ 这两个区域的解不连续，需要分别给出。

在边界上 $(r = a,\ t = 0^+)$, 有

$$
\begin{cases}
\sigma_{rr}\bigg|_{\substack{r=a \\ t=0^+}} = -p_w \\[3mm]
\sigma_{\theta\theta}\bigg|_{\substack{r=a \\ t=0^+}} = 2\eta\,(p_0 - p_i) + p_w - 2P_0 - 4\,(1 - 2\eta W)\,S_0\cos 2\theta \\[3mm]
\sigma_{r\theta}\bigg|_{\substack{r=a \\ t=0^+}} = 0 \\[3mm]
p\bigg|_{\substack{r=a \\ t=0^+}} = p_i \\[3mm]
\sigma_{zz}\bigg|_{\substack{r=a \\ t=0^+}} = -\sigma_V + 2\widetilde{\eta}\,(p_0 - p_i) - 4\nu'\,(1 - 2\eta W)\,S_0\cos 2\theta
\end{cases}
\tag{4.2}
$$

在岩石内部 $(r > a,\ t = 0^+)$, 有

$$
\begin{cases}
\sigma_{rr}(r)\bigg|_{\substack{r>a \\ t=0^+}} = \dfrac{a^2}{r^2}\,(P_0 - p_w) - P_0 + \left(3\dfrac{a^4}{r^4} - 4\dfrac{a^2}{r^2} + 1\right)S_0\cos 2\theta \\[4mm]
\sigma_{\theta\theta}(r)\bigg|_{\substack{r>a \\ t=0^+}} = -\dfrac{a^2}{r^2}\,(P_0 - p_w) - P_0 - \left(3\dfrac{a^4}{r^4} + 1\right)S_0\cos 2\theta \\[4mm]
\sigma_{r\theta}(r)\bigg|_{\substack{r>a \\ t=0^+}} = \left(3\dfrac{a^4}{r^4} - 2\dfrac{a^2}{r^2} - 1\right)S_0\sin 2\theta \\[4mm]
p(r)\bigg|_{\substack{r>a \\ t=0^+}} = 4\dfrac{a^2}{r^2}\,W S_0\cos 2\theta + p_0 \\[4mm]
\sigma_{zz}(r)\bigg|_{\substack{r>a \\ t=0^+}} = -\sigma_V - 4\dfrac{a^2}{r^2}\,(\nu' + \alpha'W - 2\alpha\nu'W)\,S_0\cos 2\theta
\end{cases}
\tag{4.3}
$$

4.1.1.2　全场长时解

长时解 $(r \geqslant a,\ t \to \infty)$ 在 $r = a$ 处连续, 结果为

$$
\begin{cases}
\sigma_{rr}(r)\Big|_{\substack{r\geqslant a\\t\to\infty}} = \eta\left(1-\dfrac{a^2}{r^2}\right)(p_0-p_i)+\dfrac{a^2}{r^2}\left(P_0-p_w\right)-P_0+\\
\qquad\qquad\qquad \left(3\dfrac{a^4}{r^4}-4\dfrac{a^2}{r^2}+1\right)S_0\cos 2\theta\\[2mm]
\sigma_{\theta\theta}(r)\Big|_{\substack{r\geqslant a\\t\to\infty}} = \eta\left(1+\dfrac{a^2}{r^2}\right)(p_0-p_i)-\dfrac{a^2}{r^2}\left(P_0-p_w\right)-P_0-\\
\qquad\qquad\qquad \left(3\dfrac{a^4}{r^4}+1\right)S_0\cos 2\theta\\[2mm]
\sigma_{r\theta}(r)\Big|_{\substack{r\geqslant a\\t\to\infty}} = \left(3\dfrac{a^4}{r^4}-2\dfrac{a^2}{r^2}-1\right)S_0\sin 2\theta\\[2mm]
p(r)\Big|_{\substack{r\geqslant a\\t\to\infty}} = p_i\\[2mm]
\sigma_{zz}(r)\Big|_{\substack{r\geqslant a\\t\to\infty}} = -\sigma_V+2\widetilde{\eta}\,(p_0-p_i)-4\dfrac{a^2}{r^2}\nu' S_0\cos 2\theta
\end{cases}
\tag{4.4}
$$

4.1.2 横观各向同性井眼问题中靠近井壁处的瞬时、长时、短时解

和在 2.4.4 节中引入的概念一样,在横观各向同性问题中也只考虑下面三个特殊状态的解:①瞬时解 $(r=a,t=0^+)$;②长时解 $(r=a,t\to\infty)$;③短时解 $(r\approx a,t>0^+)$。这三组变换后的解在下面分别给出。

4.1.2.1 瞬时解 $(r=a,\ t=0^+)$

边界上的瞬时解已经在式 (4.2) 给出了。

4.1.2.2 长时解 $(r=a,\ t\to\infty)$

对式 (2.27) 代入变换规则式 (3.128) 可得

$$
\begin{cases}
\sigma_{rr}\Big|_{\substack{r=a \\ t\to\infty}} = -p_w \\[3mm]
\sigma_{\theta\theta}\Big|_{\substack{r=a \\ t\to\infty}} = 2\eta\,(p_0 - p_i) + p_w - 2P_0 - 4S_0\cos 2\theta \\[3mm]
\sigma_{r\theta}\Big|_{\substack{r=a \\ t\to\infty}} = 0 \\[3mm]
p\Big|_{\substack{r=a \\ t\to\infty}} = p_i \\[3mm]
\sigma_{zz}\Big|_{\substack{r=a \\ t\to\infty}} = -\sigma_V + 2\widetilde{\eta}\,(p_0 - p_i) - 4\nu'S_0\cos 2\theta
\end{cases}
\tag{4.5}
$$

4.1.2.3　短时解 $(r \approx a,\ t > 0^+)$

对式 (2.28) 代入变换规则式 (3.128) 可得

$$
\begin{cases}
\sigma_{rr}\Big|_{\substack{r\approx a \\ t>0^+}} = -p_w \\[3mm]
\sigma_{\theta\theta}\Big|_{\substack{r\approx a \\ t>0^+}} = 2\eta\,(p_0 - p_i) + p_w - 2P_0 - 4S_0\cos 2\theta \\[3mm]
\sigma_{r\theta}\Big|_{\substack{r\approx a \\ t>0^+}} = 0 \\[3mm]
p\Big|_{\substack{r\approx a \\ t>0^+}} = p_i + 4WS_0\cos 2\theta \\[3mm]
\sigma_{zz}\Big|_{\substack{r\approx a \\ t>0^+}} = -\sigma_V + 2\widetilde{\eta}\,(p_0 - p_i) - 4\left(\nu' + \alpha'W - 2\alpha\nu'W\right)S_0\cos 2\theta
\end{cases}
$$

$$\tag{4.6}$$

4.2　安全校核

与各向同性问题中的分析思路一样，将 4.1 节得到的问题的解代入 2.3 节中的强度准则，即可求得横观各向同性井眼问题中的临界工作压力，并进一步得到许可工作压力范围。本节还将使用多孔弹性得到的工作压力安全区域与使用传统线弹性广义胡克定律得到的结果进行了对比，并由此说明对充液岩石使用多孔弹性本构进行安全校核的必要性。

4.2.1　拉伸破坏

拉伸破坏的分析过程与 2.5.1 节中类似，本节将不再赘述分析动机和过程，详见 2.3.2 节。

但需要额外说明的是，对于横观各向同性本构模型中的拉伸破坏，将不再采用式 (2.29) 中的拉伸破坏极限竖直截面和水平截面相等的假设，即认为 $T_{\mathrm{V}} \neq T_{\mathrm{H}}$。

此外，对于钻井液造成井壁法向应力 p_w 和井壁孔隙压力 p_i，在 4.2.1 节和 4.2.2 节中分析拉伸破坏和剪切破坏时，将假设它们满足线性关系：

$$p_i = c_p p_w \tag{4.7}$$

式中，c_p 是个比例系数，且

$$0 < c_p \leqslant 1 \tag{4.8}$$

4.2.1.1　竖直截面拉伸破坏 (情况 1))

与各向同性中的 2.5.1.1 节类似，将竖直截面拉伸破坏简称为情况 1)。

将 4.1.2 节中的瞬时、短时、长时解式 (4.2), 式 (4.5) 和式 (4.6) 代入到竖直截面最大拉应力准则式 (2.6) 中，可证明此时破坏发生位置在靠近井壁的 $\theta = \pi/2, 3\pi/2$ 处，且极限应力都为最大许可应力：

$$p_w < p_{b\mathrm{V,I}} = \frac{T_{\mathrm{V}} + 2P_0 - 2\eta p_0 - 4\left(1 - 2\eta W\right) S_0}{1 + c_p - 2c_p\eta} \tag{4.9}$$

$$p_w < p_{b\mathrm{V,S}} = \frac{T_{\mathrm{V}} + 2P_0 - 2\eta p_0 - 4\left(1 - W\right) S_0}{1 + c_p - 2c_p\eta} \tag{4.10}$$

$$p_w < p_{b\mathrm{V,L}} = \frac{T_{\mathrm{V}} + 2P_0 - 2\eta p_0 - 4S_0}{1 + c_p - 2c_p\eta} \tag{4.11}$$

与 2.5.1 节中的记号类似，下标 b 表示破裂压力，V 表示竖直截面，I, S, L 分别表示瞬时、短时、长时解。

基于常数取值范围式 (3.135b)，式 (3.135d) 和式 (4.8)，可证得这里三个临界压力的大小满足：

$$p_{b\mathrm{V},\mathrm{L}} < p_{b\mathrm{V},\mathrm{I}} \quad 且 \quad p_{b\mathrm{V},\mathrm{L}} < p_{b\mathrm{V},\mathrm{S}}$$

因而长时解的破裂压力 (式 (4.11)) 为最危险的压力值，该式担保了另外两个破裂条件 (式 (4.9) 和式 (4.10))。

4.2.1.2　水平截面拉伸破坏 (情况 2))

将瞬时、短时、长时解式 (4.2)，式 (4.5) 和式 (4.6) 代入水平截面最大拉应力准则式 (2.7) 中，可知破坏位置在靠近井壁的 $\theta = \pi/2,\ 3\pi/2$ 处，且有

$$p_w < p_{b\mathrm{H},\mathrm{I}} = \frac{T_\mathrm{H} + \sigma_\mathrm{V} - 2\tilde{\eta}p_0 - 4\nu'\left(1 - \eta W\right)S_0}{c_p\left(1 - 2\tilde{\eta}\right)} \tag{4.12}$$

$$p_w < p_{b\mathrm{H},\mathrm{S}} = \frac{T_\mathrm{H} + \sigma_\mathrm{V} - 2\tilde{\eta}p_0 - 4\left[\nu' - \left(1 - \alpha' + 2\alpha\nu'\right)W\right]S_0}{c_p\left(1 - 2\tilde{\eta}\right)} \tag{4.13}$$

$$p_w < p_{b\mathrm{H},\mathrm{L}} = \frac{T_\mathrm{H} + \sigma_\mathrm{V} - 2\tilde{\eta}p_0 - 4\nu'S_0}{c_p\left(1 - 2\tilde{\eta}\right)} \tag{4.14}$$

它们的顺序为

$$p_{b\mathrm{H},\mathrm{L}} < p_{b\mathrm{H},\mathrm{I}} \quad 且 \quad p_{b\mathrm{H},\mathrm{L}} < p_{b\mathrm{H},\mathrm{S}}$$

故长时解 (式 (4.14)) 是最危险的水平截面破裂压力。下标 H 表示水平截面。

4.2.2　剪切破坏

基于 2.3.3 节中的剪切破坏讨论，通过使用莫尔库仑准则 (式 (2.9))，可分别对六种不同的主应力顺序讨论剪切破坏安全区域范围。本节的分析过程与各向同性模型的 2.5.2 节相似，因而在叙述上会做一定简化。

4.2.2.1　情况 a　$\sigma_{rr} \geqslant \sigma_{zz} \geqslant \sigma_{\theta\theta}$

将瞬时、短时、长时解式 (4.2)，式 (4.5) 和式 (4.6) 代入莫尔库仑准则 (式 (2.9))，三个最小许可工作压力 (即下界) 可被求出，且可发现临界

破坏位置都位于 $\theta = 0,\ \pi$：

$$p_w > p_{\text{MC,I}} = \frac{2P_0 - C_0 - 2\eta p_0 + 4S_0\left(1 - 2\eta W\right)}{1 + c_p\left(1 - 2\eta\right) + \left(1 - c_p\right)\tan^2\beta} \tag{4.15}$$

$$p_w > p_{\text{MC,S}} = \frac{2P_0 - C_0 - 2\eta p_0 + 4S_0\left[1 + W\left(\tan^2\beta - 1\right)\right]}{1 + c_p\left(1 - 2\eta\right) + \left(1 - c_p\right)\tan^2\beta} \tag{4.16}$$

$$p_w > p_{\text{MC,L}} = \frac{2P_0 - C_0 - 2\eta p_0 + 4S_0}{1 + c_p\left(1 - 2\eta\right) + \left(1 - c_p\right)\tan^2\beta} \tag{4.17}$$

可得此处三个最小许可压力的顺序为

$$p_{\text{MC,S}} > p_{\text{MC,L}} > p_{\text{MC,I}}$$

因而短时解 (式 (4.16)) 为最危险结果。下标 MC 表示莫尔库仑准则。

4.2.2.2　情况 b　$\sigma_{rr} \geqslant \sigma_{\theta\theta} \geqslant \sigma_{zz}$

可得到此时破坏位置在 $\theta = 0,\ \pi$，且三个最小许可压力为

$$p_w > p_{\text{MC,I}} = \frac{\sigma_{\text{V}} - C_0 - 2\widetilde{\eta}p_0 + 4S_0\nu'\left(1 - 2\eta W\right)}{c_p\left(1 - 2\widetilde{\eta}\right) + \left(1 - c_p\right)\tan^2\beta} \tag{4.18}$$

$$p_w > p_{\text{MC,S}} = \frac{\sigma_{\text{V}} - C_0 - 2\widetilde{\eta}p_0 + 4S_0\left[\nu' + W\left(\alpha' - 2\alpha\nu' + \tan^2\beta - 1\right)\right]}{c_p\left(1 - 2\widetilde{\eta}\right) + \left(1 - c_p\right)\tan^2\beta} \tag{4.19}$$

$$p_w > p_{\text{MC,L}} = \frac{\sigma_{\text{V}} - C_0 - 2\widetilde{\eta}p_0 + 4S_0\nu'}{c_p\left(1 - 2\widetilde{\eta}\right) + \left(1 - c_p\right)\tan^2\beta} \tag{4.20}$$

可得到

$$p_{\text{MC,L}} > p_{\text{MC,I}}$$

但是

$$p_{\text{MC,S}} > p_{\text{MC,L}} \iff \alpha' - 2\alpha\nu' + \tan^2\beta - 1 > 0$$
$$\iff 1 - 2\widetilde{\eta} < \tan^2\beta - 2\eta\nu' \tag{4.21}$$

式中，$\tilde{\eta}$ 的定义式 (3.134) 用在了式 $(4.21)_2$。因而，临界最低井壁压力是式 (4.19) 还是式 (4.20) 取决于不等式 (4.21)。此外，不等式 (4.21) 成立与否只取决于岩石材料常数，和加载条件无关。

4.2.2.3 情况 c $\sigma_{\theta\theta} \geqslant \sigma_{rr} \geqslant \sigma_{zz}$

通过定义：

$$D_1 = c_p \left(1 - 2\tilde{\eta}\right) - \left[1 + c_p \left(1 - 2\eta\right)\right] \tan^2 \beta \tag{4.22}$$

$$F_1 = \sigma_V - C_0 - 2\tilde{\eta}p_0 - 2\tan^2 \beta \left(P_0 - \eta p_0\right) \tag{4.23}$$

可得到三个临界压力：

$$D_1 p_w > D_1 p_{\mathrm{MC,I}} = F_1 - 4\left(1 - 2\eta W\right)\left(\tan^2 \beta - \nu'\right) S_0 \cos 2\theta \tag{4.24}$$

$$D_1 p_w > D_1 p_{\mathrm{MC,S}} = F_1 - 4\left[\tan^2 \beta - \nu' - W\left(\alpha' - 2\alpha\nu' + \right.\right.$$
$$\left.\left. \tan^2 \beta - 1\right)\right] S_0 \cos 2\theta \tag{4.25}$$

$$D_1 p_w > D_1 p_{\mathrm{MC,L}} = F_1 - 4\left(\tan^2 \beta - \nu'\right) S_0 \cos 2\theta \tag{4.26}$$

因而，这三个临界压力是最大还是最小许可压力取决于 D_1 的符号：

(1) 如果 $D_1 > 0$，则它们都是最小许可压力，且破坏位置为 $\theta = \pi/2,\ 3\pi/2$。基于常数取值范围式 (3.135) 和假设 $D_1 > 0$ 可以得到

$$p_{\mathrm{MC,S}} > p_{\mathrm{MC,L}} > p_{\mathrm{MC,I}}$$

因而短时解 (式 (4.25)) 最危险。其中关于 $p_{\mathrm{MC,S}} > p_{\mathrm{MC,L}}$ 的证明过程可参考附录 B.2 节。

(2) 如果 $D_1 < 0$，则得到了三个最大许可压力，而破坏位置在 $\theta = \pi/2,\ 3\pi/2$。且可得到如下大小关系：

$$p_{\mathrm{MC,L}} < p_{\mathrm{MC,I}}$$

$$p_{\mathrm{MC,S}} > p_{\mathrm{MC,L}} \iff \alpha' - 2\alpha\nu' + \tan^2 \beta - 1 > 0 \tag{4.27}$$

可注意到式 (4.27) 与式 (4.21) 相同。因而短时解 (式 (4.25)) 和长时解 (式 (4.26)) 哪个是最危险的最大许可压力取决于 $(\alpha' - 2\alpha\nu' + \tan^2 \beta - 1)$ 的符号。

4.2.2.4　情况 d　$\sigma_{\theta\theta} \geqslant \sigma_{zz} \geqslant \sigma_{rr}$

此时可得三个最大许可压力，且最危险位置位于 $\theta = \pi/2,\ 3\pi/2$：

$$p_w < p_{\mathrm{MC,I}} = \frac{2P_0 + C_0 \cot^2 \beta - 2\eta p_0 - 4S_0 \left(1 - 2\eta W\right)}{1 + c_p \left(1 - 2\eta\right) + \left(1 - c_p\right) \cot^2 \beta} \tag{4.28}$$

$$p_w < p_{\mathrm{MC,S}} = \frac{2P_0 + C_0 \cot^2 \beta - 2\eta p_0 - 4S_0 \left[1 - W \left(1 - \cot^2\beta\right)\right]}{1 + c_p \left(1 - 2\eta\right) + \left(1 - c_p\right) \cot^2 \beta} \tag{4.29}$$

$$p_w < p_{\mathrm{MC,L}} = \frac{2P_0 + C_0 \cot^2 \beta - 2\eta p_0 - 4S_0}{1 + c_p \left(1 - 2\eta\right) + \left(1 - c_p\right) \cot^2 \beta} \tag{4.30}$$

此时有如下关系：

$$p_{\mathrm{MC,L}} < p_{\mathrm{MC,S}} \quad \text{且} \quad p_{\mathrm{MC,L}} < p_{\mathrm{MC,I}}$$

因而式 (4.30) 是最危险的最大许可压力。

4.2.2.5　情况 e　$\sigma_{zz} \geqslant \sigma_{\theta\theta} \geqslant \sigma_{rr}$

此情况可获得三个最大许可压力，临界破坏位置在 $\theta = \pi/2,\ 3\pi/2$：

$$p_w < p_{\mathrm{MC,I}} = \frac{\sigma_{\mathrm{V}} + C_0 \cot^2 \beta - 2\widetilde{\eta} p_0 - 4S_0 \nu' \left(1 - 2\eta W\right)}{c_p \left(1 - 2\widetilde{\eta}\right) + \left(1 - c_p\right) \cot^2 \beta} \tag{4.31}$$

$$p_w < p_{\mathrm{MC,S}} = \frac{\sigma_{\mathrm{V}} + C_0 \cot^2 \beta - 2\widetilde{\eta} p_0 - 4S_0 \left[\nu' + W \left(\alpha' - 2\alpha\nu' + \cot^2 \beta - 1\right)\right]}{c_p \left(1 - 2\widetilde{\eta}\right) + \left(1 - c_p\right) \cot^2 \beta} \tag{4.32}$$

$$p_w < p_{\mathrm{MC,L}} = \frac{\sigma_{\mathrm{V}} + C_0 \cot^2 \beta - 2\widetilde{\eta} p_0 - 4S_0 \nu'}{c_p \left(1 - 2\widetilde{\eta}\right) + \left(1 - c_p\right) \cot^2 \beta} \tag{4.33}$$

有大小关系：

$$p_{\mathrm{MC,L}} < p_{\mathrm{MC,I}}$$

$$p_{\mathrm{MC,L}} < p_{\mathrm{MC,S}} \iff 1 + 2\alpha\nu' - \alpha' - \cot^2 \beta > 0$$

$$\iff 1 + 2\nu'\eta > 2\widetilde{\eta} + \cot^2 \beta \tag{4.34}$$

式 (4.34) 用到了 $\tilde{\eta}$ 的定义式 (3.134)，并应当注意式 (4.34) 中后两式中的不等式和式 (4.21) 中的并不等价。最危险的压力从式 (4.32) 和式 (4.33) 中选出，并取决于式 (4.34) 中的 $(1 + 2\alpha\nu' - \alpha' - \cot^2\beta)$ 的符号。

4.2.2.6　情况 f　$\sigma_{zz} \geqslant \sigma_{rr} \geqslant \sigma_{\theta\theta}$

定义：

$$D_2 = 1 + c_p(1 - 2\eta) - c_p\left(1 - 2\tilde{\eta}\right)\tan^2\beta \tag{4.35}$$

$$F_2 = \tan^2\beta\left(2\tilde{\eta}p_0 - \sigma_V\right) - C_0 + 2P_0 - 2\eta p_0 \tag{4.36}$$

从而得到三个临界压力：

$$D_2 p_w > D_2 p_{MC,I} = F_2 + 4(1 - 2\eta W)\left|1 - \nu'\tan^2\beta\right|S_0 \tag{4.37}$$

$$D_2 p_w > D_2 p_{MC,S} = F_2 + 4\left|1 - \nu'\tan^2\beta + W\left[\tan^2\beta\left(1 - \alpha' + 2\alpha\nu'\right) - 1\right]\right|S_0 \tag{4.38}$$

$$D_2 p_w > D_2 p_{MC,L} = F_2 + 4\left|1 - \nu'\tan^2\beta\right|S_0 \tag{4.39}$$

这里和 4.2.2.3 节中的情况 c 类似，但是更麻烦一些，讨论复杂度类似 2.5.2.6 节各向同性本构中的情况 f。首先，破坏条件是最大值还是最小值取决于 D_2 的符号。此外 $(1 - \nu'\tan^2\beta)$ 的符号会影响到破坏位置在 $\theta = 0$, π 还是 $\theta = \pi/2$, $3\pi/2$。

与 2.5.2.6 节类似，可证明仅有短时解和长时解 (式 (4.38) 和式 (4.39)) 可能成为最危险情况。如果 $D_2 > 0$，则它们都是最小许可压力，且

$$p_{MC,S} > p_{MC,L} \iff 1 + 2\alpha\nu' - \alpha' - \cot^2\beta > 0, \quad \text{当 } D_2 > 0 \tag{4.40}$$

而选择短时解 (式 (4.38)) 还是长时解 (式 (4.39)) 取决于它们谁更大。

另一方面，如果 $D_2 < 0$，则它们是最大许可压力，可以得到

$$p_{MC,S} < p_{MC,L}, \quad \text{当 } D_2 < 0$$

因此，短时解 (式 (4.38)) 是最危险的情况。该不等式 $p_{MC,S} < p_{MC,L}$ 的证明过程可参考附录 B.3 节。

4.2.3　与弹性解分析结果对比

4.2.3.1　使用经典弹性本构模型的解

本节将给出使用经典弹性本构模型 (广义胡克定律) 得到的结果。

Fjaer 等人[13] 使用经典弹性本构模型中的 Lamé 解和释放井壁地应力加载的解，并叠加上初始地应力分析了井眼强度问题。在这里给出由广义胡克定律得到的叠加后的解[15]：

$$
\begin{cases}
\sigma_{rr} = -\left(1 - \dfrac{a^2}{r^2}\right)P_0 + \left(1 - \dfrac{a^2}{r^2}\right)\left(1 - \dfrac{3a^2}{r^2}\right)S_0\cos 2\theta - \dfrac{a^2}{r^2}p_w \\[3mm]
\sigma_{\theta\theta} = -\left(1 + \dfrac{a^2}{r^2}\right)P_0 - \left(1 + \dfrac{3a^4}{r^4}\right)S_0\cos 2\theta + \dfrac{a^2}{r^2}p_w
\end{cases}
\tag{4.41}
$$

此外，在 $r = a$ 处有

$$
\begin{cases}
\sigma_{rr} = -p_w \\
\sigma_{\theta\theta} = -2P_0 - 4S_0\cos 2\theta + p_w \\
\sigma_{zz} = \nu'\left(\sigma_{rr} + \sigma_{\theta\theta}\right) + \left[-\sigma_V + 2\nu'P_0\right] = -\sigma_V - 4\nu'S_0\cos 2\theta
\end{cases}
\tag{4.42}
$$

对于经典弹性本构来说，地下孔隙压力被认为是不变的物理场，因而被当做一个常量使用[13]：

$$
p = p_0
\tag{4.43}
$$

因而由胡克定律所得到的解是和时间无关的。

4.2.3.2　经典弹性解拉伸破坏分析

将弹性解式 (4.42) 和式 (4.43) 代入竖直拉伸破坏准则式 (2.6) 中，考虑到 Terzaghi 等效应力式 (2.4) 的作用，可得

$$
p_w < p_{bV,E} = T_V + 2P_0 - 4S_0 - p_0
\tag{4.44}
$$

式中，下标 E 表示经典弹性解。

与多孔弹性的结果, 即长时解式 (4.11) 比较, 可得 [①]

$$p_{b\mathrm{V},\mathrm{L}} < p_{b\mathrm{V},\mathrm{E}} \tag{4.45}$$

这表明使用经典弹性本构得到的破裂压力设计结果相对于多孔弹性本构偏于危险。

对于水平截面的拉伸破坏, 将弹性解式 (4.42) 和式 (4.43) 代入破坏准则 (式 (2.7)) 得到

$$T_{\mathrm{H}} + \sigma_{\mathrm{V}} - 4\nu'S_0 - p_0 > 0 \tag{4.46}$$

该式和钻井液加载压力 p_w 无关, 即水平截面拉伸破坏分析在广义胡克定律中缺失了。

4.2.3.3　经典弹性解剪切破坏分析

与多孔弹性模型的结果相似, 基于 Terzaghi 等效应力式 (2.4), 弹性解也有六种不同的主应力顺序和由莫尔库仑准则式 (2.9) 求得的六个破裂准则。

本节只列出由弹性解分析得到的剪切破坏条件, 具体分析见 4.2.4.2 节和 4.3 节。

a　$\sigma_{rr} \geqslant \sigma_{zz} \geqslant \sigma_{\theta\theta}$

$$p_w > p_{\mathrm{MC,E}} = -\left(C_0 + p_0 - 2P_0 - 4S_0\right)\cos^2\beta + p_0\sin^2\beta \tag{4.47}$$

b　$\sigma_{rr} \geqslant \sigma_{\theta\theta} \geqslant \sigma_{zz}$

$$p_w > p_{\mathrm{MC,E}} = C_0 + p_0 - \left(p_0 + 4S_0\nu' - \sigma_{\mathrm{V}}\right)\tan^2\beta \tag{4.48}$$

c　$\sigma_{\theta\theta} \geqslant \sigma_{rr} \geqslant \sigma_{zz}$

$$p_w < p_{\mathrm{MC,E}} = \left(C_0 + p_0 + 4S_0\nu' - \sigma_{\mathrm{V}}\right)\cot^2\beta - p_0 + 2P_0 - 4S_0 \tag{4.49}$$

d　$\sigma_{\theta\theta} \geqslant \sigma_{zz} \geqslant \sigma_{rr}$

$$p_w < p_{\mathrm{MC,E}} = \left(C_0 + p_0\right)\cos^2\beta - \left(p_0 - 2P_0 + 4S_0\right)\sin^2\beta \tag{4.50}$$

---

① 此处用到了一个自然假设 $p_0 < p_{b\mathrm{V},\mathrm{E}}$, 因为若非如此, 岩石将在原始孔隙压力的作用下因为自身内部的微孔洞而破裂。

e $\quad \sigma_{zz} \geqslant \sigma_{\theta\theta} \geqslant \sigma_{rr}$

$$p_w < p_{\mathrm{MC,E}} = C_0 + p_0 - \left(p_0 + 4S_0\nu' - \sigma_{\mathrm{V}}\right)\tan^2\beta \tag{4.51}$$

f $\quad \sigma_{zz} \geqslant \sigma_{rr} \geqslant \sigma_{\theta\theta}$

$$p_w > p_{\mathrm{MC,E}} = -C_0 - p_0 + 2P_0 + 4S_0 + \left(p_0 - 4S_0\nu' - \sigma_{\mathrm{V}}\right)\tan^2\beta \tag{4.52}$$

4.2.4 井眼许可工作压力

4.2.4.1 横观各向同性本构模型中井眼许可工作压力小结

本节总结了不同拉伸和剪切破坏模式下，由横观各向同性本构模型分析得到的破坏条件。表 4.1 给出了对于具体情况，应当如何选择破裂准则表达式，及破裂发生的时间、位置。压力限制类型一列表示对于具体的破坏情况，井眼压力过高还是过低。表中情况 b，c，e，f 需要针对实际岩石材料属性分析，详见 4.2.2.2 节，4.2.2.3 节，4.2.2.5 节和 4.2.2.6 节。

表 4.1　横观各向同性本构模型中

关于八种破坏模式的发生位置、时间、类型总结

	失效情况	临界压力	压力限制类型	破坏位置
拉伸破坏	1) 竖直截面	长时解式 (4.11)	最大值	$\theta = \frac{\pi}{2}, \frac{3\pi}{2}$
	2) 水平截面	长时解式 (4.14)	最大值	$\theta = \frac{\pi}{2}, \frac{3\pi}{2}$
剪切破坏	a　$\sigma_{rr} \geqslant \sigma_{zz} \geqslant \sigma_{\theta\theta}$	短时解式 (4.16)	最小值	$\theta = 0,\ \pi$
	b　$\sigma_{rr} \geqslant \sigma_{\theta\theta} \geqslant \sigma_{zz}$	短时解式 (4.19) 长时解式 (4.20)	最小值	$\theta = 0,\ \pi$
	c　$\sigma_{\theta\theta} \geqslant \sigma_{rr} \geqslant \sigma_{zz}$	短时解式 (4.25) 长时解式 (4.26)	最小值 最大值	$\theta = \frac{\pi}{2}, \frac{3\pi}{2}$
	d　$\sigma_{\theta\theta} \geqslant \sigma_{zz} \geqslant \sigma_{rr}$	长时解式 (4.30)	最大值	$\theta = \frac{\pi}{2}, \frac{3\pi}{2}$
	e　$\sigma_{zz} \geqslant \sigma_{\theta\theta} \geqslant \sigma_{rr}$	短时解式 (4.32) 长时解式 (4.33)	最大值	$\theta = \frac{\pi}{2}, \frac{3\pi}{2}$
	f　$\sigma_{zz} \geqslant \sigma_{rr} \geqslant \sigma_{\theta\theta}$	短时解式 (4.38) 长时解式 (4.39)	最小值 最大值	$\theta = 0,\ \pi$ $\theta = \frac{\pi}{2}, \frac{3\pi}{2}$

表 4.2 则具体给出了破裂压力的表达式，其中 D_1，F_1，D_2 和 F_2 分别定义于式 (4.22)，式 (4.23)，式 (4.35) 和式 (4.36)。而满足表 4.2 中所有不等式的区域被称为"井眼许可工作压力区域"。

表 4.2　基于横观各向同性本构模型的井眼许可工作压力总结

失效情况		井眼工作压力许可条件
拉伸破坏	1) 竖直截面	$p_w < p_{bV,L}$: $\quad p_{bV,L} = \dfrac{T_V + 2P_0 - 2\eta p_0 - 4S_0}{1 + c_p - 2c_p\eta}$
	2) 水平截面	$p_w < p_{bH,L}$: $\quad p_{bH,L} = \dfrac{T_H + \sigma_V - 2\tilde{\eta}p_0 - 4\nu'S_0}{c_p(1-2\tilde{\eta})}$
剪切破坏	a $\sigma_{rr} \geqslant \sigma_{zz} \geqslant \sigma_{\theta\theta}$	$p_w > p_{MC,S}$: $\quad p_{MC,S} = \dfrac{2P_0 - C_0 - 2\eta p_0 + 4S_0[1 + W(\tan^2\beta - 1)]}{1 + c_p(1-2\eta) + (1-c_p)\tan^2\beta}$
	b $\sigma_{rr} \geqslant \sigma_{\theta\theta} \geqslant \sigma_{zz}$	$p_w > p_{MC,S}$: $\quad p_{MC,S} = \dfrac{\sigma_V - C_0 - 2\tilde{\eta}p_0 + 4S_0[\nu' + W(\alpha' - 2\alpha\nu' + \tan^2\beta - 1)]}{c_p(1-2\tilde{\eta}) + (1-c_p)\tan^2\beta}$ $p_w > p_{MC,L}$: $\quad p_{MC,L} = \dfrac{\sigma_V - C_0 - 2\tilde{\eta}p_0 + 4S_0\nu'}{c_p(1-2\tilde{\eta}) + (1-c_p)\tan^2\beta}$
	c $\sigma_{\theta\theta} \geqslant \sigma_{rr} \geqslant \sigma_{zz}$	$D_1 p_w > D_1 p_{MC,S}$: $\quad D_1 p_{MC,S} = F_1 + 4[\tan^2\beta - \nu' - W(\alpha' - 2\alpha\nu' + \tan^2\beta - 1)]S_0$ $D_1 p_w > D_1 p_{MC,L}$: $\quad D_1 p_{MC,L} = F_1 + 4(\tan^2\beta - \nu')S_0$
	d $\sigma_{\theta\theta} \geqslant \sigma_{zz} \geqslant \sigma_{rr}$	$p_w < p_{MC,S}$: $\quad p_{MC,S} = \dfrac{2P_0 + C_0\cot^2\beta - 2\eta p_0 - 4S_0}{1 + c_p(1-2\eta) + (1-c_p)\cot^2\beta}$
	e $\sigma_{zz} \geqslant \sigma_{\theta\theta} \geqslant \sigma_{rr}$	$p_w < p_{MC,S}$: $\quad p_{MC,S} = \dfrac{\sigma_V + C_0\cot^2\beta - 2\tilde{\eta}p_0 - 4S_0[\nu' + W(\alpha' - 2\alpha\nu' + \cot^2\beta - 1)]}{c_p(1-2\tilde{\eta}) + (1-c_p)\cot^2\beta}$ $p_w < p_{MC,L}$: $\quad p_{MC,L} = \dfrac{\sigma_V + C_0\cot^2\beta - 2\tilde{\eta}p_0 - 4S_0\nu'}{c_p(1-2\tilde{\eta}) + (1-c_p)\cot^2\beta}$
	f $\sigma_{zz} \geqslant \sigma_{rr} \geqslant \sigma_{\theta\theta}$	$D_2 p_w > D_2 p_{MC,S}$: $\quad D_2 p_{MC,S} = F_2 + 4\left|1 - \nu'\tan^2\beta + W\left(\tan^2\beta\left(1 - \alpha' - 2\alpha\nu'\right) - 1\right)\right|S_0$ $D_2 p_w > D_2 p_{MC,L}$: $\quad D_2 p_{MC,L} = F_2 + 4\left|1 - \nu'\tan^2\beta\right|S_0$

4.2.4.2　井眼许可工作压力区域与弹性解的比较

与各向同性本构的井眼校核结果 (2.5.3 节) 类似，对于横观各向同性本构一样可以画出具体的井眼安全压力区域图像。

为使比较结果有实际意义，本节将采用一组实际的横观各向同性页岩。Aoki 等人[51] 基于无渗实验测量了横观各向同性 Trafalgar 页岩的材料常数。但是 Aoki 等人是基于 3.2.2 节中描述的微观均匀和微观各向同性假设测量的，即假设固体骨架材料的 M^s 满足式 (3.62)，因而只有七个独立的材料常数。在横观各向同性本构中，微观各向同性假设下要满足的式 (3.64) 可化简为

$$
\begin{aligned}
\alpha &= 1 - \frac{L_{11} + L_{12} + L_{13}}{3K_s}, \\
\alpha' &= 1 - \frac{2L_{13} + L_{33}}{3K_s}
\end{aligned}
\tag{4.53}
$$

式中，K_s 如 3.2.2 节所述，表示固体骨架部分的体积模量。式 (4.53) 可被看作原本独立的 α 和 α' 有内在联系，可由同一个材料常数推导得到，因而减少了一个独立材料常数。本节将基于 Aoki 等人的结果画图，但这并不影响本书各向异性多孔弹性本构相关的部分 (第 3 章和第 4 章) 不依赖于微观均匀和微观各向同性假设的事实。

Aoki 等人的无渗实验测得岩石常数为

$$
\begin{aligned}
E &= 20.6\ \text{GPa}, \quad E' = 17.3\ \text{GPa}, \quad \nu = 0.189, \quad \nu' = 0.246, \\
G' &= 7.23\ \text{GPa}, \quad K_s = 48.2\ \text{GPa}, \quad M_{\text{CH}} = 15.8\ \text{GPa}
\end{aligned}
\tag{4.54}
$$

由此可得如下所需的无量纲参数：$\alpha = 0.734$, $\alpha' = 0.749$, $\eta = 0.264$, $\tilde{\eta} = 0.259$, $W = 0.242$，以及部分刚度阵系数：$L_{11} = 24.1$ GPa, $L_{12} = 6.78$ GPa, $L_{13} = 7.60$ GPa, $L_{33} = 21.0$ GPa, $L_{55} = 7.23$ GPa。为方便讨论，本节暂时忽略滤饼效应，即令 $c_p = 1$。

另一方面，本节也以真实的加载条件为例分析。Chen 与 Gao [52] 给出了如下的工程实际载荷和相关的岩石强度条件：$S_0 = 0.9565$ MPa, $\sigma_V = 37.68$ MPa, $T_V = T_H = 2$ MPa, $C_0 = 10$ MPa, $\beta = 57°$。基于这些载荷和 Aoki 等人的岩石常数 (式 (4.54))，下面这八个破坏条件被选为临

界条件：式 (4.11)，式 (4.14)，式 (4.16)，式 (4.19)，式 (4.25)，式 (4.30)，式 (4.33) 和式 (4.38)，由它们共同构建一个许可压力区域。

图 4.1 比较了对于相同地应力和岩石材料属性，分别使用经典弹性本构和多孔弹性本构得到的安全区域随平均水平地应力 P_0 变化的结果。图 4.1 中选择了 $p_0 = P_0/2$ 的载荷比。图中可见多孔弹性本构的安全区域远小于弹性本构得到的结果。因而传统的广义胡克定律在井眼安全校核问题中可能给出偏于危险的设计。

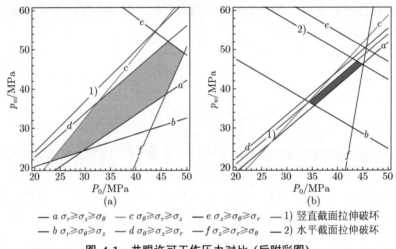

— $a\ \sigma_r \geqslant \sigma_z \geqslant \sigma_\theta$　— $c\ \sigma_\theta \geqslant \sigma_r \geqslant \sigma_z$　— $e\ \sigma_z \geqslant \sigma_\theta \geqslant \sigma_r$　—— 1) 竖直截面拉伸破坏
— $b\ \sigma_r \geqslant \sigma_\theta \geqslant \sigma_z$　— $d\ \sigma_\theta \geqslant \sigma_z \geqslant \sigma_r$　— $f\ \sigma_z \geqslant \sigma_r \geqslant \sigma_\theta$　—— 2) 水平截面拉伸破坏

图 4.1　井眼许可工作压力对比 (后附彩图)

(a) 广义胡克定律；(b) 多孔弹性本构

由于弹性解水平截面拉伸破坏 (式 (4.46)) 的结果不含 p_w，因而广义胡克定律图中没有情况 2) 对应的直线。

在 ASME 的授权下再出版，摘自 GAO Y, LIU Z, ZHUANG Z, GAO D & HWANG K -C. Cylindrical borehole failure in a transversely isotropic poroelastic medium[J]. Journal of Applied Mechanics,2017, 84(11): 111008. 授权通过 Copyright Clearance Center, Inc 发送。

这里特别选取竖直截面拉伸破坏，即情况 1)，来讨论两者的区别。广义胡克定律使用式 (4.44)，而多孔弹性本构使用式 (4.11)。在两图中，该直线都是上界。但是在弹性解中，该直线并不是安全区域边界的构成部分，在多孔弹性结果中则不然。

再例如，Chen 与 Gao [52] 给出的真实地应力值为 $P_0 = 35.61$ MPa。在这种情况下，若使用 $p_w = 38.4$ MPa 的井壁条件加载，则按照广义胡克定律校核，$p_w = 38.4$ MPa 满足式 (4.50) 中情况 d 的限制 $p_w < 40.1$ MPa，故井眼安全。但是使用多孔弹性本构校核则会得到此时井壁竖直方向破裂的结论。实际上，根据多孔弹性本构中竖直截面拉伸破坏在瞬时、短时、长时的临界值 (式 (4.9) ~ 式 (4.11))，分别可得

$$p_w < P_{bV,I} = 38.42 \text{ MPa}$$

$$p_w < P_{bV,S} = 38.71 \text{ MPa}$$

$$p_w < P_{bV,L} = 38.08 \text{ MPa}$$

因而，无论在瞬时还是短时，井壁都不会发生破坏。但它却不满足长时解的要求。这意味着井壁会在钻井开始时安全，但随着时间流逝，当孔隙流体扩散入岩石中一段时间之后，$(\sigma_{\theta\theta} + p)$ 会达到拉伸强度 T_V，进而导致井壁破裂，钻井液漏失。

4.3　数值结果分析

在各向同性和横观各向同性两章的分析中，都假设了破坏只会发生在选取的三个特定的时间和地点：即在 2.4.2 节，2.4.3 节和 4.1.2 节中选择的瞬时、短时、长时解。本节将通过数值分析来验证这个假设。

由于式 (A.2) 和式 (A.6) 中贝塞尔函数的存在，直接求解模式 2 和模式 3 的拉普拉斯逆变换十分困难，这也是为何本章要针对瞬时、短时、长时这些特例分析的原因。但是拉普拉斯数值逆变换方法在近年有了长足进步。Abate 和 Valkô 在 2004 年介绍了 Fixed-Talbot 算法[53]，本节即由此求得拉普拉斯数值逆变换。

本节将以情况 a $\sigma_{rr} \geqslant \sigma_{zz} \geqslant \sigma_{\theta\theta}$ 为例介绍数值方法是如何应用在井眼校核上的。除情况 a 之外，其他七种破坏情况也都可以通过数值方法来确保安全性。本节虽然以横观各向同性为例进行分析，但可发现其中的分析方式和结论也很容易转化到各向同性模型中[25]。

莫尔库仑准则 (式 (2.9)) 可被重写为[29,32]

$$\tau_{\max} = (\sin\varphi)\,\sigma'_m + \frac{1 - \sin\varphi}{2}C_0 \tag{4.55}$$

式中，σ' 表示 Terzaghi 等效应力，而 $\varphi = 2\beta - \pi/2$。在式 (2.9) 中给出

的应力使用了拉为正、压为负的记号，而在式 (4.55) 中使用的 σ'_m 为了与传统弹性胡克定律得到的莫尔平面结果 (见图 4.2) 相互照应，使用了压为正、拉为负的记号。这也是本章除了地应力 $\{\sigma_H, \sigma_h, \sigma_V\}$ 之外唯一的特例。对于情况 a 来说，需要验证的是 $\theta = 0,\ \pi$ 的位置，而此时的 σ'_m 和 $\tau_{\max}$ 可被定义为

$$\sigma'_m = -\frac{\sigma_{rr} + \sigma_{\theta\theta}}{2} - p \tag{4.56}$$

$$\tau_{\max} = \sqrt{\frac{(\sigma_{rr} - \sigma_{\theta\theta})^2}{4} + \sigma_{r\theta}^2} \tag{4.57}$$

因而此时的莫尔库仑准则式 (4.55) 在 $\sigma'_m \sim \tau_{\max}$ 平面 (莫尔平面) 上是一条直线，而任何用式 (4.56) 和式 (4.57) 定义的应力状态高过此直线都会导致剪切破坏发生。

在本例中采用了 Aoki 等人测得的横观各向同性页岩的材料常数分析式 (4.54)。莫尔库仑准则中的强度参数设置为 $\beta = 60°$, $C_0 = 65$ MPa。此外，选择了以下地应力条件：$P_0 = 20$ MPa, $S_0 = 10$ MPa, $p_0 = 10$ MPa。此时，当滤饼系数 $c_p = 1$ 时，可由式 (4.16) 求得临界破坏压力为 $p_w = 13.59$ MPa。

拉普拉斯数值逆变换的结果画在了图 4.2(a) 中。图上共画了六条不同的数值逆变换曲线，分别对于无量纲时间 $t^* = \{10^{-5}, 10^{-4}, \cdots, 1\}$，其中 $t^* \equiv c_T t / a^2$，而 c_T 的定义在式 (3.121) 中。全场的瞬时解和长时解见式 (4.3) 和式 (4.4)，也被以虚线画在了图 4.2 中。其中瞬时解包含两部分：红点 A 表示式 (4.2) 中瞬时边界上的解 $r = a$, $t = 0^+$；而红色虚线表示式 (4.3) 中的瞬时边界内的解，它从短时解点 $B(r \approx a$, $t = 0^+$, 式 (4.6)) 一直延续到无穷 ($r \to \infty$, $t = 0^+$，点 D)。这个间断现象已经在 2.4.2.1 节和 4.1.1.1 节中讨论过了。另一方面，长时解连续地从井壁边界 ($r = a, t \to \infty$，点 C) 变化到无穷远处 (点 E)。

对于每个给定的时间，图 4.2 也画出了数值解在全场的图像 (从 $r = a$ 到 $r \to \infty$)。从图 4.2(a) 中可见，井壁边界的应力状态连续地由瞬时解 (点 A) 移动到长时解 (点 C)。但是，无穷远处 ($r \to \infty$) 的应力状态，对于任何有限的时间，一直停留在了同一个点 D；直到 $t \to \infty$ 时才

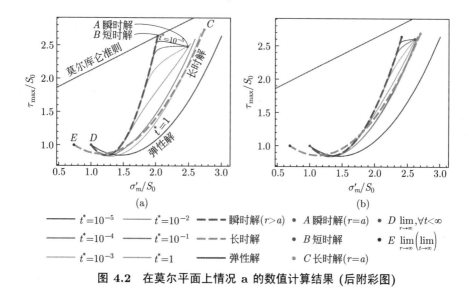

(a)　(b)

图 4.2　在莫尔平面上情况 a 的数值计算结果 (后附彩图)

(a) $v' = 0.246$; (b) $v' = 0.4$

图中任何一点高过莫尔库仑准则直线都意味着会发生剪切破坏。

在 ASME 的授权下再版，摘自 GAO Y, LIU Z, ZHUANG Z, GAO D & HWANG K -C. Cylindrical borehole failure in a transversely isotropic poroelastic medium[J]. Journal of Applied Mechanics,2017, 84(11): 111008. 授权通过 Copyright Clearance Center, Inc 发送。

突然跳跃到了点 E。这里的不连续性来自于对 $t \to \infty$ 和 $r \to \infty$ 取极限顺序的区别。

图 4.2 中将莫尔库仑准则 (式 (4.55)) 用一条直线表示。任何高于这条直线的点，都意味着在该处发生了剪切破坏。可见短时解点 B 恰好落在了图中所画的莫尔库仑准则直线上。这是符合预期的，因为画图时所用的 p_w 正是选择了短时解破坏的临界值。

由弹性解 (式 (4.42)) 求得的应力状态也画在了图 4.2 上。弹性解与时间无关，而且图中也可看出，弹性解远低于莫尔库仑准则直线。这意味着对于这种加载状态，广义胡克定律会预测井眼不会发生情况 a 的剪切破坏。这再一次表明了多孔弹性本构模型对于井眼安全问题的重要性，且对这个例子，多孔弹性解处于经典弹性解的偏于危险一侧。

图 4.2(b) 画出了更改 $\nu' = 0.4$ 时的情况，同时保持了地应力和井壁载荷不变。此时，多孔弹性本构和广义胡克定律都预测情况 a 的剪切破

坏不会发生。

尽管以本书作者的经验，只校核本章中选取的瞬时、短时、长时解已经足以在一般情况下确保井眼安全，但对于某些要求精度较高的重要工程项目，基于完整的拉普拉斯数值逆变换来做安全校核可能还是有必要的。

本章基于 3.3 节提出的多孔弹性本构模型框架，针对井眼安全问题，分别使用各向同性本构模型和横观各向同性本构模型对其分析，给出了井眼许可工作压力的范围，并指出使用经典的广义胡克定律校核井眼问题可能是偏于危险的。

对于横观各向同性材料，本章利用等效各向同性模型，将平面应变下的横观各向同性多孔弹性问题转化成一个各向同性多孔弹性问题，进而使用各向同性本构下的解得到横观各向同性本构材料的解。由这个方法，本章得到了横观各向同性本构模型下井眼问题所需要的全场解。在该问题中本章也考虑了由"滤饼效应"导致的井壁孔隙压力与加载正应力不一致的情况。最终，本章同样给出了方便工程师使用的临界井眼压力，指出了许可工作压力范围，也用数值方法检验了该结果。

通过与使用广义胡克定律的结果比对，发现在大多数情况下，使用多孔弹性本构关系进行井眼校核是有必要的。因此建议在石油工程问题中使用多孔弹性本构模型进行分析计算。

在与他人工作结果比较后，作者认为本章所述内容是目前对于各向同性本构模型的校核最全面的方案。该方案既考虑了非轴对称地应力的影响，也针对两种可能的拉伸破坏情况和六种可能的剪切破坏情况进行了讨论，并充分考虑了时间效应带来的影响。进一步地，本工作也是首次对于横观各向同性多孔弹性本构介质中的井眼校核问题进行分析，并得到了便于工程师设计使用的代数公式。

附录 A 基于拉普拉斯变换方法的井眼问题解

Detournay 与 Cheng [29] 给出了基于拉普拉斯变换的方案分别对于井眼问题模式 1，2，3 求解的结果。对于模式 1 和 2，由于它们是轴对称问题，式 (1.116) 可以被采用，从而简化了求解过程。

模式 1 由于不含 Skempton 效应，可被直接求解：

$$
\begin{aligned}
\frac{\sigma_{rr}^{(1)}}{P_0 - p_w} &= \frac{a^2}{r^2}, \\
\frac{\sigma_{\theta\theta}^{(1)}}{P_0 - p_w} &= -\frac{a^2}{r^2}, \\
p^{(1)} &= 0
\end{aligned}
\tag{A.1}
$$

模式 2 可在解耦 p 和 $\boldsymbol{u}$ 的情况下求解，解在拉普拉斯变换后的域中给出。

$$
\begin{aligned}
\frac{s\tilde{p}^{(2)}}{p_0 - p_w} &= -\frac{K_0(\xi)}{K_0(\beta)}, \\
\frac{s\tilde{\sigma}_{rr}^{(2)}}{p_0 - p_w} &= -2\eta \left[\frac{a}{r} \frac{K_1(\xi)}{\beta K_0(\beta)} - \frac{a^2}{r^2} \frac{K_1(\beta)}{\beta K_0(\beta)} \right], \\
\frac{s\tilde{\sigma}_{\theta\theta}^{(2)}}{p_0 - p_w} &= 2\eta \left[\frac{a}{r} \frac{K_1(\xi)}{\beta K_0(\beta)} - \frac{a^2}{r^2} \frac{K_1(\beta)}{\beta K_0(\beta)} + \frac{K_0(\xi)}{K_0(\beta)} \right]
\end{aligned}
\tag{A.2}
$$

式中，顶部带有波浪号的项表示变换后的函数，s 是变换参数 $(t \to s)$，

此外，有

$$\xi = r\sqrt{\frac{s}{c}} \tag{A.3}$$

$$\beta = a\sqrt{\frac{s}{c}} \tag{A.4}$$

式中，c 为式 (1.107) 和式 (1.116) 中定义的参数，表达式见式 (1.108)。而对于横观各向同性本构平面问题中的解，则应当将 c 替换为式 (3.120) 和式 (3.125) 中使用的 c_T，表达式见式 (3.121)。此外，η 为式 (1.62)，在式 (1.103) 中使用。对于横观各向同性本构，则应替换为式 (3.132)，它实际上出现在式 (3.117) 中 p 的系数上。

最后，式 (A.2) 中的函数 $K_n(s)$ 表示 n 阶第二类修正的贝塞尔函数。

模式 3 由于固有的周期性，可将与 θ 有关的部分取出来，并定义：

$$\left(\tilde{\sigma}_{rr}^{(3)}, \tilde{\sigma}_{\theta\theta}^{(3)}, \tilde{p}^{(3)}\right) = \left(\tilde{S}_{rr}, \tilde{S}_{\theta\theta}, \tilde{P}\right)\cos 2\theta,$$

$$\left(\tilde{\sigma}_{r\theta}^{(3)}\right) = \left(\tilde{S}_{r\theta}\right)\sin 2\theta \tag{A.5}$$

则有解为 [①]

$$
\begin{aligned}
\frac{s\tilde{P}}{S_0} &= \frac{C_1}{2\eta}K_2(\xi) + \frac{\eta}{GS}\frac{a^2 C_2}{r^2}, \\
\frac{s\tilde{S}_{rr}}{S_0} &= C_1\left[\frac{1}{\xi}K_1(\xi) + \frac{6}{\xi^2}K_2(\xi)\right] - \frac{1}{1-\nu_u}\frac{a^2 C_2}{r^2} - \frac{3a^4 C_3}{r^4}, \\
\frac{s\tilde{S}_{\theta\theta}}{S_0} &= -C_1\left[\frac{1}{\xi}K_1(\xi) + \left(1 + \frac{6}{\xi^2}\right)K_2(\xi)\right] + \frac{3a^4 C_3}{r^4}, \\
\frac{s\tilde{S}_{r\theta}}{S_0} &= 2C_1\left[\frac{1}{\xi}K_1(\xi) + \frac{3}{\xi^2}K_2(\xi)\right] - \frac{1}{2(1-\nu_u)}\frac{a^2 C_2}{r^2} - \frac{3a^4 C_3}{r^4}
\end{aligned}
\tag{A.6}
$$

[①] Detournay 与 Cheng [10] 关于模式 3 中孔隙压力的解 $\tilde{P}$ 有误，此处已修正。

式中，S_0 为水平面上的偏斜地应力 (见式 (2.1))，并有

$$C_1 = -\frac{4\beta(\nu_u - \nu)}{D_2 - D_1},$$

$$C_2 = \frac{4(1 - \nu_u)D_2}{D_2 - D_1},$$

$$C_3 = -\frac{\beta(D_1 + D_2) + 8(\nu_u - \nu)K_2(\beta)}{\beta(D_2 - D_1)}, \qquad (A.7)$$

$$D_1 = 2(\nu_u - \nu)K_1(\beta),$$

$$D_2 = \beta(1 - \nu)K_2(\beta)$$

对于式 $(A.6)_1$ 右端两项中的 η 的讨论同模式 2 的式 (A.2) 下的描述。而式 $(A.6)_1$ 右端第 2 项中的 S 在各向同性本构中为式 (1.105)，表示存储系数；在横观各向同性本构中则是式 (3.119) 的 S_T，它的具体意义由 3.3.3 节中的式 (3.128f) 给出；S_T 同时还表示等效各向同性多孔介质 $\hat{S}$ 值。

附录 B 瞬时、短时、长时井眼安全压力顺序的补充证明

在第 2 章和第 4 章中，分别算出瞬时、短时、长时的井壁临界安全压力后，需要判断其中哪一个是最危险的。在正文中，该判断结果是直接给出来的。实际上，尽管大多数不等式的推导过程都很简单，但仍有少部分不等式的推导过程较为复杂。为了方便读者阅读，这里给出一些推导较为困难的不等式的分析过程。

本附录所使用到的材料常数取值范围都在式 (1.65)，式 (3.111)，式 (3.112)，式 (3.135) 和式 (4.8) 中给出。

B.1 各向同性本构水平截面拉伸破坏

关于 2.5.1.2 节中 $p_{bS} > p_{bL}$ 的证明：

$$(1 - 2\eta)(p_{bL} - p_{bS}) = S_0 \left[4(\nu_u - \nu) - \frac{4}{3} B (1 + \nu_u) \right]$$

$$= 4S_0 \left[(\nu_u - \nu) - \frac{1}{3} B (1 + \nu_u) \right]$$

$$= 4S_0 \left[(\nu_u - \nu) - \frac{1}{2\eta} \frac{\nu_u - \nu}{1 - \nu} \right]$$

$$= 4S_0 (\nu_u - \nu) \left[1 - \frac{1}{2\eta (1 - \nu)} \right] < 0 \qquad (B.1)$$

B.2 横观各向同性本构剪切破坏情况 c

$$\sigma_{\theta\theta} \geqslant \sigma_{rr} \geqslant \sigma_{zz}$$

在 4.2.2.3 节中，对于横观各向同性本构剪切破坏的情况 c $\sigma_{\theta\theta} \geqslant \sigma_{rr} \geqslant \sigma_{zz}$ 需要讨论 D_1 的正负号。而当 $D_1 > 0$ 时，有 $p_{\mathrm{MC,S}} > p_{\mathrm{MC,L}}$，证明如下：

$$p_{\mathrm{MC,S}} > p_{\mathrm{MC,L}} \iff \alpha' - 2\alpha\nu' + \tan^2\beta - 1 < 0$$

$$\iff 1 - 2\tilde{\eta} > \tan^2\beta - 2\eta\nu' \tag{B.2}$$

而由此时假设的 $D_1 > 0$，有

$$D_1 > 0 \iff c_p\left(1 - 2\tilde{\eta}\right) > \left(1 + c_p\left(1 - 2\eta\right)\right)\tan^2\beta$$

$$\iff 1 - 2\tilde{\eta} > \frac{1}{c_p}\tan^2\beta + (1 - 2\eta)\tan^2\beta$$

$$\implies 1 - 2\tilde{\eta} > \tan^2\beta$$

$$\implies 1 - 2\tilde{\eta} > \tan^2\beta - 2\eta\nu' \tag{B.3}$$

即所需证明结果。

B.3 横观各向同性本构剪切破坏情况 f

$$\sigma_{zz} \geqslant \sigma_{rr} \geqslant \sigma_{\theta\theta}$$

在 4.2.2.6 节中，对于横观各向同性本构剪切破坏的情况 f $\sigma_{zz} \geqslant \sigma_{rr} \geqslant \sigma_{\theta\theta}$ 需要讨论 D_2 的正负号。而当 $D_2 < 0$ 时，有 $p_{\mathrm{MC,S}} < p_{\mathrm{MC,L}}$，证明如下：

$$p_{\mathrm{MC,L}} > p_{\mathrm{MC,S}} \iff 1 + 2\alpha\nu' - \alpha' - \cot^2\beta > 0$$

$$\iff 1 - 2\tilde{\eta} > \cot^2\beta - 2\eta\nu' \tag{B.4}$$

另一方面，由此时假设的 $D_2 < 0$，有

$$D_2 < 0 \iff c_p \left(1 - 2\widetilde{\eta}\right) > \left(\frac{1}{c_p} + 1 - 2\eta\right) \cot^2 \beta$$

$$\implies 1 - 2\widetilde{\eta} > (1 + 1 - 2\eta) \cot^2 \beta$$

$$\implies 1 - 2\widetilde{\eta} > \cot^2 \beta$$

$$\implies 1 - 2\widetilde{\eta} > \cot^2 \beta - 2\nu'\eta \tag{B.5}$$

即所需证明结果。

附录 C　弹性本构模型与多孔弹性本构模型中的 Betti 定理与 Betti 逆定理

本附录将澄清 Betti 定理与弹性柔度张量之间的关系。

首先，对于均匀胡克弹性介质，若该介质中本构方程满足广义胡克定律：

$$\boldsymbol{\epsilon} = \boldsymbol{M} : \boldsymbol{\sigma} \tag{C.1}$$

则有 Betti 恒等式：

$$\int_{\partial\Omega} (\boldsymbol{\sigma}_1 \cdot \boldsymbol{n}) \cdot \boldsymbol{u}_2 \, \mathrm{d}s = \int_{\partial\Omega} (\boldsymbol{\sigma}_2 \cdot \boldsymbol{n}) \cdot \boldsymbol{u}_1 \, \mathrm{d}s \tag{C.2}$$

式中，Ω 是介质内的任何域，而 $\{\boldsymbol{\sigma}_i, \boldsymbol{u}_i\}$ $(i = 1, 2)$ 表示一个**协调组**。在经典胡克弹性介质中，协调组定义为满足以下条件的一组应力、应变、位移：

(1) 应变和位移满足几何方程，即 $\boldsymbol{\epsilon} = (\nabla\boldsymbol{u} + \boldsymbol{u}\nabla)/2$；

(2) 应变与应力满足本构方程式 (C.1)。

由此可以得到 Betti 定理：

定理 C.1　在经典胡克弹性介质中，如果柔度张量 $\boldsymbol{M}$ 是 Voigt 对称的，那么 Betti 恒等式 (C.2) 成立。

证明　先从式 (C.2) 的左侧出发，有

$$\int_{\partial\Omega} (\boldsymbol{\sigma}_1 \cdot \boldsymbol{n}) \cdot \boldsymbol{u}_2 \, \mathrm{d}s = \int_{\partial\Omega} (\boldsymbol{\sigma}_1 \cdot \boldsymbol{n}) \cdot \boldsymbol{u}_2 \, \mathrm{d}s = \int_{\partial\Omega} \boldsymbol{n} \cdot \boldsymbol{\sigma}_1 \cdot \boldsymbol{u}_2 \, \mathrm{d}s$$

$$= \int_{\Omega} \nabla \cdot (\boldsymbol{\sigma}_1 \cdot \boldsymbol{u}_2) \, \mathrm{d}\Omega$$

$$= \int_\Omega \left[\underbrace{(\nabla \cdot \boldsymbol{\sigma}_1)}_{0} \cdot \boldsymbol{u}_2 + \boldsymbol{\sigma}_1 : (\boldsymbol{u}_2 \nabla) \right] \mathrm{d}\Omega$$

$$= \int_\Omega \boldsymbol{\sigma}_1 : \frac{1}{2} \left(\boldsymbol{u}_2 \nabla + \nabla \boldsymbol{u}_2 \right) \mathrm{d}\Omega$$

$$= \int_\Omega \boldsymbol{\sigma}_1 : \boldsymbol{\epsilon}_2 \, \mathrm{d}\Omega \tag{C.3}$$

式中用到了 $\boldsymbol{\sigma}_1$ 的 Voigt 对称性。接下来使用本构方程式 (C.1) 和 $\boldsymbol{M}$ 的 Voigt 对称性，有

$$\boldsymbol{\sigma}_1 : \boldsymbol{\epsilon}_2 = \boldsymbol{\sigma}_1 : \boldsymbol{M} : \boldsymbol{\sigma}_2 = \boldsymbol{\sigma}_1 : \boldsymbol{M}^{\mathrm{T}} : \boldsymbol{\sigma}_2 = \boldsymbol{\sigma}_2 : \boldsymbol{M} : \boldsymbol{\sigma}_1 = \boldsymbol{\sigma}_2 : \boldsymbol{\epsilon}_1. \tag{C.4}$$

在式 (C.3) 中的步骤也可以对于式 (C.2) 右侧的部分重现，因而

$$\int_{\partial\Omega} (\boldsymbol{\sigma}_2 \cdot \boldsymbol{n}) \cdot \boldsymbol{u}_1 \, \mathrm{d}s = \int_\Omega \boldsymbol{\sigma}_2 : \boldsymbol{\epsilon}_1 \, \mathrm{d}\Omega \tag{C.5}$$

因此，联合式 (C.3) $\sim$ 式 (C.5)，可证明 Betti 定理。　　　□

经典胡克弹性介质也有 Betti 逆定理：

定理 C.2 在经典胡克弹性介质中，若 Betti 恒等式 (C.2) 在任意域表面 $\partial\Omega$ 上的任意两个协调组都成立，则弹性柔度张量 $\boldsymbol{M}$ 是 Voigt 对称的。

证明 由于 Betti 恒等式 (C.2) 对于任意域表面都成立，由式 (C.3) 和式 (C.5) 可得：

$$\int_\Omega \boldsymbol{\sigma}_1 : \boldsymbol{\epsilon}_2 \, \mathrm{d}\Omega = \int_\Omega \boldsymbol{\sigma}_2 : \boldsymbol{\epsilon}_1 \, \mathrm{d}\Omega \tag{C.6}$$

对弹性介质内任意域 Ω 都成立，因而有

$$\boldsymbol{\sigma}_1 : \boldsymbol{\epsilon}_2 = \boldsymbol{\sigma}_2 : \boldsymbol{\epsilon}_1 \tag{C.7}$$

对弹性介质内任意点都成立。

由本构方程式 (C.1)，可得

$$\boldsymbol{\sigma}_1 : \boldsymbol{M} : \boldsymbol{\sigma}_2 = \boldsymbol{\sigma}_2 : \boldsymbol{M} : \boldsymbol{\sigma}_1 \tag{C.8}$$

对任意两组 $\boldsymbol{\sigma}_1$ 和 $\boldsymbol{\sigma}_2$ 成立。因而当 Betti 恒等式 (C.2) 在任意域表面 $\partial\Omega$ 的任意两个协调组成立，柔度张量 $\boldsymbol{M}$ 是 Voigt 对称的。　　　□

然而，在 Biot 多孔弹性介质中，其本构方程的 $\epsilon(\boldsymbol{\sigma}, p)$ 部分需要从式 (C.1) 改为式 (3.4)：

$$\bar{\epsilon} = \boldsymbol{M} : \bar{\boldsymbol{\sigma}} + (\boldsymbol{M} : \boldsymbol{\delta} - \boldsymbol{m})\, p \tag{3.4}$$

此外，由于固体骨架可以是均匀或非均匀的，Betti 恒等式需要从式 (C.2) 修改为式 (3.21)，即只对于固体骨架表面积分：

$$\int_{\partial\Omega_s} (\boldsymbol{\sigma}_1 \cdot \boldsymbol{n}) \cdot \boldsymbol{u}_2 \,\mathrm{d}s = \int_{\partial\Omega_s} (\boldsymbol{\sigma}_2 \cdot \boldsymbol{n}) \cdot \boldsymbol{u}_1 \,\mathrm{d}s \tag{3.21}$$

与之对应的，式 (3.21) 中 $\{\boldsymbol{\sigma}_i, \boldsymbol{u}_i\}$ $(i = 1, 2)$ 应满足的协调组的定义也需要调整：定义协调组为满足如下条件的一组应力、孔隙压力、应变、位移：

(1) 应变和位移满足几何方程，即 $\boldsymbol{\epsilon} = (\nabla \boldsymbol{u} + \boldsymbol{u}\nabla)/2$；

(2) 应变与应力和孔隙压力满足 Biot 多孔弹性本构方程，即前文提到的式 (3.4)。

由此得到 Biot 多孔弹性本构中的 Betti 定理：

定理 C.3 在 Biot 多孔弹性介质中，若有式 (3.7)，即 $\boldsymbol{M} = \boldsymbol{M}^{\mathrm{T}}$，且有式 (3.22)，即 $\boldsymbol{m} = \boldsymbol{\delta} : \boldsymbol{M}^s$ 满足，则 Betti 恒等式 (3.21) 成立。

证明 为证明多孔弹性中的 Betti 定理，首先要说明一些所需的符号。如图 3.1 所示，在代表区域 Ω 中包含了固体骨架区域 Ω_s 和孔隙区域 Ω_p，且 $\Omega = \Omega_s \cup \Omega_p$。令 $\partial_{\mathrm{ext}}\Omega$，$\partial_{\mathrm{ext}}\Omega_s$，$\partial_{\mathrm{ext}}\Omega_p$ 分别表示它们的对外的边界，则

$$\partial_{\mathrm{ext}}\Omega = \partial_{\mathrm{ext}}\Omega_s \cup \partial_{\mathrm{ext}}\Omega_p \tag{C.9}$$

同样的，Ω，Ω_s，Ω_p 的边界除了包含外边界 $\partial_{\mathrm{ext}}(\ )$，也包含内边界，而每组边界都可以写为两部分的并集：

$$\begin{aligned}
&\partial\Omega_s = \partial_{\mathrm{ext}}\Omega_s \cup \partial_p\Omega_s, \\
&\partial\Omega_p = \partial_{\mathrm{ext}}\Omega_p \cup \partial_s\Omega_p, \\
&\partial\Omega = \partial\Omega_s \cup \partial\Omega_p = \partial_{\mathrm{ext}}\Omega \cup \partial_p\Omega_s \cup \partial_s\Omega_p
\end{aligned} \tag{C.10}$$

式中，$\partial_p\Omega_s$ 表示 Ω_s 的边界中与孔隙所连接的部分，且它的单位外法向矢量 $\boldsymbol{n}_{sp}$ 由固体骨架部分指向孔隙部分，如图 3.1所示。反之，$\partial_s\Omega_p$ 表

示 Ω_p 的边界中与固体骨架相连的部分, 且有着方向相反的单位外法向矢量 $\boldsymbol{n}_{ps}$。$\partial_p\Omega_s$ 和 $\partial_s\Omega_p$ 互相重合, 但是它们的外法向矢量 $\boldsymbol{n}_{sp}$ 与 $\boldsymbol{n}_{ps}$ 朝向相反。

现在对 Biot 多孔弹性本构材料证明 Betti 定理。首先, 由 Betti 恒等式 (3.21) 的左侧有

$$\int_{\partial\Omega_s} (\boldsymbol{\sigma}_1 \cdot \boldsymbol{n}) \cdot \boldsymbol{u}_2 \,\mathrm{d}s$$

$$= \int_{\partial\Omega_s} (\boldsymbol{\sigma}_1 \cdot \boldsymbol{n} + p_1 \boldsymbol{n}) \cdot \boldsymbol{u}_2 \,\mathrm{d}s - \int_{\partial\Omega_s} p_1 \boldsymbol{n} \cdot \boldsymbol{u}_2 \,\mathrm{d}s$$

$$= \int_{\partial_{\mathrm{ext}}\Omega_s} (\boldsymbol{\sigma}_1 \cdot \boldsymbol{n} + p_1 \boldsymbol{n}) \cdot \boldsymbol{u}_2 \,\mathrm{d}s - \int_{\partial\Omega_s} p_1 \boldsymbol{n} \cdot \boldsymbol{u}_2 \,\mathrm{d}s \tag{C.11}$$

式 (C.11) 来自

$$(\boldsymbol{\sigma}_1 \cdot \boldsymbol{n} + p_1 \boldsymbol{n})\Big|_{\partial_{\mathrm{ext}}\Omega_p} = (\boldsymbol{\sigma}_1 \cdot \boldsymbol{n} + p_1 \boldsymbol{n})\Big|_{\partial_p\Omega_s} = (\boldsymbol{\sigma}_1 \cdot \boldsymbol{n} + p_1 \boldsymbol{n})\Big|_{\partial_s\Omega_p} = 0 \tag{C.12}$$

利用式 (3.3) $\boldsymbol{u}\Big|_{\partial_{\mathrm{ext}}\Omega_s} = \bar{\boldsymbol{\epsilon}} \cdot \boldsymbol{x}$, 可得到式 (C.11) 中的第一个积分式为

$$\int_{\partial_{\mathrm{ext}}\Omega_s} (\boldsymbol{\sigma}_1 \cdot \boldsymbol{n} + p_1 \boldsymbol{n}) \cdot \boldsymbol{u}_2 \,\mathrm{d}s$$

$$= \int_{\partial_{\mathrm{ext}}\Omega_s} \boldsymbol{n} \cdot (\boldsymbol{\sigma}_1 + p_1 \boldsymbol{\delta}) \cdot \bar{\boldsymbol{\epsilon}}_2 \cdot \boldsymbol{x} \,\mathrm{d}s + \int_{\partial_{\mathrm{ext}}\Omega_p} \underbrace{\boldsymbol{n} \cdot (\boldsymbol{\sigma}_1 + p_1 \boldsymbol{\delta})}_{0,\ \text{由式 (C.12) 得到}} \cdot \bar{\boldsymbol{\epsilon}}_2 \cdot \boldsymbol{x} \,\mathrm{d}s$$

$$= \int_{\partial_{\mathrm{ext}}\Omega} \boldsymbol{n} \cdot (\boldsymbol{\sigma}_1 + p_1 \boldsymbol{\delta}) \cdot \bar{\boldsymbol{\epsilon}}_2 \cdot \boldsymbol{x} \,\mathrm{d}s$$

$$= \int_{\Omega} \nabla \cdot \left[(\boldsymbol{\sigma}_1 + p_1 \boldsymbol{\delta}) \cdot \bar{\boldsymbol{\epsilon}}_2 \cdot \boldsymbol{x} \right] \,\mathrm{d}\Omega \tag{C.13}$$

$$= \underbrace{\int_{\Omega} \nabla \cdot \left[(\boldsymbol{\sigma}_1 + p_1 \boldsymbol{\delta}) \cdot \bar{\boldsymbol{\epsilon}}_2 \right] \cdot \boldsymbol{x} \,\mathrm{d}\Omega}_{0} + \int_{\Omega} (\boldsymbol{\sigma}_1 + p_1 \boldsymbol{\delta}) : \bar{\boldsymbol{\epsilon}}_2 \,\mathrm{d}\Omega \tag{C.14}$$

$$= |\Omega| \, (\bar{\boldsymbol{\sigma}}_1 + p_1 \boldsymbol{\delta}) : \bar{\boldsymbol{\epsilon}}_2 \tag{C.15}$$

式 (C.13) 用到了在域 Ω 上的高斯散度定理。又因为 p_1 和 $\bar{\boldsymbol{\epsilon}}_2$ 在代表单元 Ω 内是常数, 且有 $\nabla \cdot \boldsymbol{\sigma} = 0$(见 3.1 节中开头的叙述, 也见式 (3.3)), 可

得式 (C.14) 中第一部分可被消去为零，且第二部分可被化简为式 (C.15)，其中 $\bar{\boldsymbol{\sigma}}_1$ 是 Ω 上的体积平均应力 (见式 (3.2))。

式 (C.11) 中的第二个积分可被化简为

$$
\int_{\partial\Omega_s} p_1 \boldsymbol{n} \cdot \boldsymbol{u}_2 \, \mathrm{d}s = \int_{\Omega_s} p_1 \nabla \cdot \boldsymbol{u}_2 \, \mathrm{d}\Omega
$$

$$
= \int_{\Omega_s} p_1 \boldsymbol{\delta} : (\nabla \boldsymbol{u}_2) \, \mathrm{d}\Omega
$$

$$
= \int_{\Omega_s} p_1 \boldsymbol{\delta} : \boldsymbol{\epsilon}_2 \, \mathrm{d}\Omega \tag{C.16}
$$

$$
= (1 - \varphi_0)|\Omega| \, p_1 \boldsymbol{\delta} : \bar{\boldsymbol{\epsilon}}_2^s \tag{C.17}
$$

式 (C.16) 利用了 $\boldsymbol{\epsilon} = 1/2 \, (\nabla\boldsymbol{u} + \boldsymbol{u}\nabla)$ 和 $\boldsymbol{\delta} : (\nabla\boldsymbol{u}_2) = \boldsymbol{\delta} : (\boldsymbol{u}_2\nabla)$，而式 (C.17) 则使用了 Ω_s 上的体积平均应变 $\bar{\boldsymbol{\epsilon}}^s$ 的定义 (见式 (3.17))。

将式 (C.15) 和式 (C.17) 代入式 (C.11)，则可得到 Betti 恒等式 (3.21) 的左半部分。由 Biot 多孔介质中的本构方程 (式 (3.4)) 和固体骨架的本构方程 (式 (3.23))，可得到

$$
\int_{\partial\Omega_s} (\boldsymbol{\sigma}_1 \cdot \boldsymbol{n}) \cdot \boldsymbol{u}_2 \, \mathrm{d}s = |\Omega| \left[(\bar{\boldsymbol{\sigma}}_1 + p_1\boldsymbol{\delta}) : \bar{\boldsymbol{\epsilon}}_2 - (1 - \varphi_0) \, p_1 \boldsymbol{\delta} : \bar{\boldsymbol{\epsilon}}_2^s \right]
$$

$$
= |\Omega| \left\{ (\bar{\boldsymbol{\sigma}}_1 + p_1\boldsymbol{\delta}) : \boldsymbol{M} : (\bar{\boldsymbol{\sigma}}_2 + p_2\boldsymbol{\delta}) - (\bar{\boldsymbol{\sigma}}_1 + p_1\boldsymbol{\delta}) : \boldsymbol{m}p_2 - \right.
$$
$$
\left. p_1 \boldsymbol{\delta} : \boldsymbol{M}^s : (\bar{\boldsymbol{\sigma}}_2 + p_2\boldsymbol{\delta}) + (1 - \varphi_0) \, p_1 \boldsymbol{\delta} : \boldsymbol{m}^s p_2 \right\}
$$

$$
= |\Omega| \left\{ (\bar{\boldsymbol{\sigma}}_1 + p_1\boldsymbol{\delta}) : \boldsymbol{M} : (\bar{\boldsymbol{\sigma}}_2 + p_2\boldsymbol{\delta}) + \right.
$$
$$
\left[-\boldsymbol{\delta} : \boldsymbol{M}^s : \boldsymbol{\delta} - \boldsymbol{\delta} : \boldsymbol{m} + (1 - \varphi_0) \, \boldsymbol{\delta} : \boldsymbol{m}^s \right] p_1 p_2 -
$$
$$
\left. \boldsymbol{\delta} : \boldsymbol{M}^s : \bar{\boldsymbol{\sigma}}_2 p_1 - \boldsymbol{m} : \bar{\boldsymbol{\sigma}}_1 p_2 \right\} \tag{C.18}
$$

分别在式 (C.18) 的第一行和第三行利用式 (3.7) 和式 (3.22)，式 (C.18) 可被变换为多孔弹性 Betti 恒等式 (3.21) 的右半部分。

因此，若式 (3.7) 和式 (3.22) 满足，则 Betti 恒等式 (3.21) 成立。　□

对于多孔弹性本构，也有如下 Betti 逆定理：

定理 C.4　在 Biot 多孔弹性介质中，若 Betti 恒等式 (3.21) 对于任意两个协调组在任意固体骨架表面 $\partial\Omega_s$ 上都成立，则介质满足式 (3.7) 和式 (3.22)。

该定理的证明在 Thompson 与 Willis [8] 的附录中已经给出，这里为了保证完整性，将给出一个简短的证明。

证明 应当注意到在推导式 (C.18) 的过程中，式 (3.7) 和式 (3.22) 一直没有被用到。由于 Betti 恒等式 (3.21) 对任意两组协调组都成立，由式 (C.18) 可得

$$(\bar{\boldsymbol{\sigma}}_1 + p_1\boldsymbol{\delta}) : \boldsymbol{M} : (\bar{\boldsymbol{\sigma}}_2 + p_2\boldsymbol{\delta}) = (\bar{\boldsymbol{\sigma}}_2 + p_2\boldsymbol{\delta}) : \boldsymbol{M} : (\bar{\boldsymbol{\sigma}}_1 + p_1\boldsymbol{\delta}) \qquad (C.19)$$

$$(\boldsymbol{m} - \boldsymbol{\delta} : \boldsymbol{M}^s) : (\bar{\boldsymbol{\sigma}}_2 p_1 - \bar{\boldsymbol{\sigma}}_1 p_2) = 0 \qquad (C.20)$$

对任意两组 $\{\bar{\boldsymbol{\sigma}}_1, p_1\}$ 和 $\{\bar{\boldsymbol{\sigma}}_2, p_2\}$ 都成立。因此，如果多孔弹性介质中 Betti 恒等式 (3.21) 对于任意两个协调组在任意固体骨架表面 $\partial\Omega_s$ 上都成立，则柔度张量 $\boldsymbol{M}$ 是对称的，即式 (3.7)，且有 $\boldsymbol{m} = \boldsymbol{\delta} : \boldsymbol{M}^s$，即式 (3.22)。 □

附录 D 横观各向同性多孔弹性本构中的材料常数与柔度张量 M 和刚度张量 L 之间的关系

在横观各向同性多孔弹性本构模型中, 定义于式 (3.14) 的材料刚度张量 L 可仿照式 (3.81) 对于 M 写为对称 (因为四阶张量的分量具有 Voigt 对称性) 矩阵形式 [①]:

$$L = \begin{pmatrix} L_{11} & L_{12} & L_{13} & 0 & 0 & 0 \\ L_{12} & L_{11} & L_{13} & 0 & 0 & 0 \\ L_{13} & L_{13} & L_{33} & 0 & 0 & 0 \\ 0 & 0 & 0 & L_{11} - L_{22} & 0 & 0 \\ 0 & 0 & 0 & 0 & L_{55} & 0 \\ 0 & 0 & 0 & 0 & 0 & L_{55} \end{pmatrix} \tag{D.1}$$

此时应力与应变张量都按照式 (3.80) 写为列矩阵 (注意不采用工程剪切应变 $\gamma_{ij} = 2\epsilon_{ij}$, 而只用 ϵ_{ij})。

式 (D.1) 中定义的五个独立的材料常数: $L_{11}, L_{12}, L_{13}, L_{33}, L_{55}$, 可由常用的杨氏模量、泊松比和剪切模量 (即 $\{E, E', \nu, \nu', G'\}$) 表达 [②]:

[①] 由于式 (3.85), M 为四阶对称张量, 故其逆 L 亦为对称。

[②] 可以验证式 (D.1) 中刚度矩阵 L 与式 (3.81) 中的柔度矩阵 M 互逆。

$$L_{11} = \frac{E\left(E' - E\nu'^2\right)}{(1+\nu)\left(E' - \nu E' - 2\nu'^2 E\right)},$$

$$L_{12} = \frac{E\left(\nu E' + E\nu'^2\right)}{(1+\nu)\left(E' - \nu E' - 2\nu'^2 E\right)},$$

$$L_{13} = \frac{\nu' E E'}{E' - \nu E' - 2\nu'^2 E}, \tag{D.2}$$

$$L_{33} = \frac{(1-\nu)E'^2}{E' - \nu E' - 2\nu'^2 E},$$

$$L_{55} = 2G'$$

反之，杨氏模量、泊松比和剪切模量 $\{E, E', \nu, \nu', G, G'\}$ 也可使用 L 的分量表达：

$$E = \frac{(L_{11} - L_{12})\left[(L_{11} + L_{12})L_{33} - 2L_{13}^2\right]}{L_{11}L_{33} - L_{13}^2},$$

$$E' = \frac{(L_{11} + L_{12})L_{33} - 2L_{13}^2}{L_{11} + L_{12}},$$

$$\nu = \frac{L_{12}L_{33} - L_{13}^2}{L_{11}L_{33} - L_{13}^2}, \tag{D.3}$$

$$\nu' = \frac{L_{13}}{L_{11} + L_{12}},$$

$$G = \frac{L_{11} - L_{12}}{2},$$

$$G' = \frac{L_{55}}{2}$$

另一方面，由式 (3.81) 可反推基于柔度张量 M 分量的各弹性常数表达式：

$$E = \frac{1}{M_{11}}, \qquad E' = \frac{1}{M_{33}},$$

$$\nu = -\frac{M_{12}}{M_{11}}, \qquad \nu' = -\frac{M_{13}}{M_{33}}, \tag{D.4}$$

$$G = \frac{1}{2\left(M_{11} - M_{12}\right)}, \quad G' = \frac{1}{2M_{55}}$$

为方便使用，这里也给出了 M 和 L 之间的转换关系：

$$L_{11} = \frac{1}{\Delta_M} \left(M_{11} M_{33} - M_{13}^2 \right),$$

$$L_{12} = \frac{1}{\Delta_M} \left(M_{13}^2 - M_{12} M_{33} \right),$$

$$L_{13} = \frac{1}{\Delta_M} M_{13} \left(M_{12} - M_{11} \right), \qquad \text{(D.5)}$$

$$L_{33} = \frac{1}{\Delta_M} \left(M_{11}^2 - M_{12}^2 \right),$$

$$L_{55} = \frac{1}{M_{55}}$$

式中，Δ_M 为矩阵 $\|M_{ij}\|$ $(i, j = 1, 2, 3)$ 的行列式：

$$\Delta_M = (M_{11} - M_{12}) \left[(M_{11} + M_{12}) M_{33} - 2M_{13}^2 \right] \qquad \text{(D.6)}$$

可注意到在交换了式 (D.5) 中的 L 和 M 之后，该等式依然成立，因而有

$$M_{11} = \frac{1}{\Delta_L} \left(L_{11} L_{33} - L_{13}^2 \right),$$

$$M_{12} = \frac{1}{\Delta_L} \left(L_{13}^2 - L_{12} L_{33} \right),$$

$$M_{13} = \frac{1}{\Delta_L} L_{13} \left(L_{12} - L_{11} \right), \qquad \text{(D.7)}$$

$$M_{33} = \frac{1}{\Delta_L} \left(L_{11}^2 - L_{12}^2 \right),$$

$$M_{55} = \frac{1}{L_{55}}$$

式中，Δ_L 是矩阵 $\|L_{ij}\|$ $(i, j = 1, 2, 3)$ 的行列式：

$$\Delta_L = (L_{11} - L_{12}) \left[(L_{11} + L_{12}) L_{33} - 2L_{13}^2 \right] = \frac{1}{\Delta_M} \qquad \text{(D.8)}$$

最后，无渗材料常数 $\{E_u, E_u', \nu_u, \nu_u', G_u, G_u'\}$ 与 L^u 之间有类似于式 (D.3) 的关系，利用式 (3.55) 可得

$$E_u = \Big\{ (L_{11} - L_{12}) \big[(L_{11} + L_{12} + 2\alpha^2 M_{\text{CH}}) L_{33} + \alpha'^2 M_{\text{CH}} (L_{11} + L_{12}) -$$

$$2L_{13}^2 - 4\alpha\alpha' M_{\text{CH}} L_{13} \big] \Big\} \Big/ \Big[L_{11} \big(L_{33} + \alpha'^2 M_{\text{CH}} \big) +$$

$$\alpha^2 M_{\text{CH}} L_{33} - L_{13}^2 - 2\alpha\alpha' M_{\text{CH}} L_{13} \Big],$$

$$E'_u = \frac{(L_{11} + L_{12} + 2\alpha^2 M_{\text{CH}}) L_{33} + \alpha'^2 M_{\text{CH}} (L_{11} + L_{12}) - 2L_{13}^2 - 4\alpha\alpha' M_{\text{CH}} L_{13}}{L_{11} + L_{12} + 2\alpha^2 M_{\text{CH}}},$$

$$\nu_u = \frac{L_{12} \big(L_{33} + \alpha'^2 M_{\text{CH}} \big) + \alpha^2 M_{\text{CH}} L_{33} - L_{13}^2 - 2\alpha\alpha' M_{\text{CH}} L_{13}}{L_{11} \big(L_{33} + \alpha'^2 M_{\text{CH}} \big) + \alpha^2 M_{\text{CH}} L_{33} - L_{13}^2 - 2\alpha\alpha' M_{\text{CH}} L_{13}},$$

$$\nu'_u = \frac{L_{13} + \alpha\alpha' M_{\text{CH}}}{L_{11} + L_{12} + 2\alpha^2 M_{\text{CH}}},$$

$$G_u = G = \frac{L_{11} - L_{12}}{2},$$

$$G'_u = G' = \frac{L_{55}}{2}$$

$$(\text{D.9})$$

应当注意到式 (D.3) 和式 (D.9) 中给出的才是真实的横观各向同性材料中 ν 和 ν_u 与刚度阵 **L** 之间的关系。而式 (3.128b) 式 (3.128c) 给出的关系式只是用来构造等效各向同性模型的变换关系。

附录 E　横观各向同性平面应变问题中各向同性平面上的 $\nabla^2 \zeta$ 与 $\nabla^2 p$ 之间的转换关系

本附录针对横观各向同性模型中各向同性平面上 $\nabla^2 \zeta$ 与 $\nabla^2 p$ 之间的关系进行讨论，并给出分析结果。

由本构关系式 (3.53) 可得：

$$
\begin{aligned}
\zeta &= \boldsymbol{\alpha} : \boldsymbol{M} : \bar{\boldsymbol{\sigma}} + \left(\frac{1}{M_{\text{CH}}} + \boldsymbol{\alpha} : \boldsymbol{M} : \boldsymbol{\alpha} \right) p \\
&= \boldsymbol{\alpha} : \boldsymbol{M} : (\bar{\boldsymbol{\sigma}} + \boldsymbol{\alpha} p) + \frac{1}{M_{\text{CH}}} p
\end{aligned}
\tag{E.1}
$$

应当注意，在平面应变问题中有

$$
\begin{aligned}
\boldsymbol{\alpha} : \boldsymbol{M} : (\bar{\boldsymbol{\sigma}} + \boldsymbol{\alpha} p) &= \boldsymbol{\alpha} : \bar{\boldsymbol{\epsilon}} \\
&= \alpha \left(\varepsilon_{11} + \varepsilon_{22} \right) \\
&= \alpha \left[(M_{11} + M_{12}) (\sigma_{11} + \sigma_{22} + 2\alpha p) + 2M_{13} (\sigma_{33} + \alpha' p) \right]
\end{aligned}
\tag{E.2}
$$

由平面应变假设式 (3.115) 和材料常数之间的关系式 (3.89)，有

$$
(\sigma_{33} + \alpha' p) = -\frac{M_{13}}{M_{33}} (\sigma_{11} + \sigma_{22} + 2\alpha p)
\tag{E.3}
$$

因而，式 (E.2) 可由式 (D.7) 和式 (E.3) 化简为

$$
\begin{aligned}
\boldsymbol{\alpha} : \boldsymbol{M} : (\bar{\boldsymbol{\sigma}} + \boldsymbol{\alpha} p) &= \alpha \left(M_{11} + M_{12} - 2\frac{M_{13}^2}{M_{33}} \right) (\sigma_{11} + \sigma_{22} + 2\alpha p) \\
&= \frac{\alpha}{L_{11} + L_{12}} (\sigma_{11} + \sigma_{22} + 2\alpha p)
\end{aligned}
\tag{E.4}
$$

将式 (E.4) 代入式 (E.1)，可得

$$\zeta = \frac{\alpha}{L_{11} + L_{12}} \left(\sigma_{11} + \sigma_{22} + 2\alpha p \right) + \frac{1}{M_{CH}} p \tag{E.5}$$

$$= \frac{\alpha}{L_{11} + L_{12}} \left(\sigma_{11} + \sigma_{22} + \frac{L_{11} - L_{12}}{L_{11}} \alpha p \right) + \left(\frac{\alpha^2}{L_{11}} + \frac{1}{M_{CH}} \right) p \tag{E.6}$$

因此，通过利用式 (3.117)，平面应变问题中的 $\nabla^2 \zeta$ 可被表达为

$$\nabla^2 \zeta = \frac{\alpha}{L_{11} + L_{12}} \nabla^2 \left(\sigma_{11} + \sigma_{22} + \frac{L_{11} - L_{12}}{L_{11}} \alpha p \right) + \left(\frac{\alpha^2}{L_{11}} + \frac{1}{M_{CH}} \right) \nabla^2 p \tag{E.7}$$

$$= \left(\frac{\alpha^2}{L_{11}} + \frac{1}{M_{CH}} \right) \nabla^2 p - \frac{\alpha}{L_{11}} \left(F_{1,1} + F_{2,2} \right) \tag{E.8}$$

由此可得到式 (3.118) 和式 (3.119)。

附录 F　横观各向同性本构模型中的材料常数关系推导

在 3.3.1 节中，本书为方便读者阅读和运算，使用了一种将四阶对称张量写作 6×6 的矩阵、将二阶对称张量写作 6×1 的列矩阵的分析技巧。这个技巧将四阶张量与二阶张量之间的双点乘运算转化为了矩阵之间的矩阵乘法运算。本书基于此在 3.3.1 节中给出了横观各向同性本构模型中各材料常数 (如 $\boldsymbol{\alpha}$, $\boldsymbol{m}$, $\boldsymbol{m}^s$, $\boldsymbol{b}$ 等) 之间的关系。

本附录将基于 3.1 节得到的各向异性本构中材料常数间的关系，通过严谨的张量运算求得横观各向同性本构模型中的化简结果。本附录可作为 3.3.1 节的补充材料阅读。

横观各向同性弹性材料是最简单的一种各向异性材料。在笛卡儿坐标系 (x_1, x_2, x_3) 中，这种材料假设正应变只取决于正应力，而剪应变只取决于同一平面内的剪应力。本附录考虑 x_3 为各向同性面的法方向的情况，即①在任意取向平行于 $x_1 - x_2$ 坐标面的平面内，材料是各向同性的；②假设材料是均质的，因此垂直于 $x_1 - x_2$ 坐标面的 x_3 轴必是材料的旋转对称轴。

F.1　横观各向同性本构模型中的柔度张量 M

本节探讨在横观各向同性本构模型中弹性柔度张量 M 的表示。对于有效应力张量 $\bar{\boldsymbol{\Sigma}}$ 与平均应变张量 $\bar{\boldsymbol{\epsilon}}$

$$\bar{\boldsymbol{\Sigma}} = \bar{\Sigma}_{kl} \boldsymbol{e}_k \boldsymbol{e}_l, \quad \bar{\boldsymbol{\epsilon}} = \bar{\epsilon}_{ij} \boldsymbol{e}_i \boldsymbol{e}_j \tag{F.1}$$

应变-应力本构关系式 (即式 (3.8)) 写作

$$\bar{\epsilon} = M : \bar{\Sigma} \tag{F.2}$$

式中，$\{e_1, e_2, e_3\}$ 为笛卡儿坐标的单位矢量，且有

$$M = M_{ijkl} e_i e_j e_k e_l \tag{F.3}$$

式 (F.3) 是四阶张量 M 的分量展开式，包括全部 $3^4 = 81$ 个并矢分量。将式 (F.1) 代入式 (F.2) 可得 9 个应变分量与 9 个应力分量之间的线性关系表达式。根据本节开头的声明，在柔度张量 M 中，对于涉及拉压与剪切的互相影响，以及不同坐标面上剪切与剪切的互相影响的部分，M_{ijkl} 对应的分量都应为零。因此式 (F.2) 中的非零部分只剩下

$$\begin{cases} \bar{\epsilon}_{11} = M_{1111}\bar{\Sigma}_{11} + M_{1122}\bar{\Sigma}_{22} + M_{1133}\bar{\Sigma}_{33} \\ \bar{\epsilon}_{22} = M_{2211}\bar{\Sigma}_{11} + M_{2222}\bar{\Sigma}_{22} + M_{2233}\bar{\Sigma}_{33} \\ \bar{\epsilon}_{33} = M_{3311}\bar{\Sigma}_{11} + M_{3322}\bar{\Sigma}_{22} + M_{3333}\bar{\Sigma}_{33} \end{cases} \tag{F.4}$$

$$\begin{cases} \bar{\epsilon}_{12} = M_{1212}\bar{\Sigma}_{12} + M_{1221}\bar{\Sigma}_{21} \\ \bar{\epsilon}_{21} = M_{2112}\bar{\Sigma}_{12} + M_{2121}\bar{\Sigma}_{21} \end{cases} \tag{F.5}$$

$$\begin{cases} \bar{\epsilon}_{23} = M_{2323}\bar{\Sigma}_{23} + M_{2332}\bar{\Sigma}_{32} \\ \bar{\epsilon}_{32} = M_{3223}\bar{\Sigma}_{23} + M_{3232}\bar{\Sigma}_{32} \end{cases} \tag{F.6}$$

$$\begin{cases} \bar{\epsilon}_{31} = M_{3131}\bar{\Sigma}_{31} + M_{3113}\bar{\Sigma}_{13} \\ \bar{\epsilon}_{13} = M_{1331}\bar{\Sigma}_{31} + M_{1313}\bar{\Sigma}_{13} \end{cases} \tag{F.7}$$

从弹性力学的变形几何分析可知应变张量必是对称张量 $\bar{\epsilon}_{ij} = \bar{\epsilon}_{ji}$，由平衡分析可知应力张量也必是对称张量 $\bar{\Sigma}_{kl} = \bar{\Sigma}_{lk}$。可见由于应力张量 $\bar{\Sigma}$ 与应变张量 $\bar{\epsilon}$ 的对称性，弹性柔度张量 M 首先必须具有第一与第二对称性，即 M_{ijkl} 对指标 i 与 j 对称，且对指标 k 与 l 对称：

$$M_{ijkl} = M_{jikl} = M_{ijlk} = M_{jilk} \tag{F.8}$$

另一方面，由于材料 x_3 轴为旋转对称轴，故 $x_2 - x_3$ 面与 $x_1 - x_3$ 面内的剪切模量应相同，因而可设三个坐标平面内的剪切模量为

$$\frac{1}{G_{12}} = \frac{1}{G}, \quad \frac{1}{G_{23}} = \frac{1}{G'}, \quad \frac{1}{G_{31}} = \frac{1}{G'} \tag{F.9}$$

根据剪切模量的定义, 利用 M 的对称性式 (F.8), 将式 (F.9) 与式 (F.5)~ 式 (F.7) 对比后可得

$$\begin{cases} M_{1212} = M_{2121} = M_{1221} = M_{2121} = \dfrac{1}{4G} \\[2mm] M_{2323} = M_{3223} = M_{2332} = M_{3232} = \dfrac{1}{4G'} \\[2mm] M_{3131} = M_{1331} = M_{3113} = M_{1313} = \dfrac{1}{4G'} \end{cases} \tag{F.10}$$

可见式 (F.10) 与式 (3.81) 中使用矩阵记法得到的剪切模量是一致的。另一方面, 将式 (F.4) 与式 (3.81) 比较, 可知 M 的拉压部分的分量为

$$M_{1111} = \frac{1}{E}, \qquad M_{1122} = -\frac{\nu}{E}, \quad M_{1133} = -\frac{\nu'}{E'},$$

$$M_{2211} = -\frac{\nu}{E}, \quad M_{2222} = \frac{1}{E}, \qquad M_{2233} = -\frac{\nu'}{E'}, \tag{F.11}$$

$$M_{3311} = -\frac{\nu''}{E}, \quad M_{3322} = -\frac{\nu''}{E}, \quad M_{3333} = \frac{1}{E'}$$

本附录至此, 从未涉及张量 M 的 Voigt 第三对称性 $M_{ijkl} = M_{klij}$。如在 3.1 节讨论的, Biot 介质作为一种连续介质本构模型, 应该要求它满足 Voigt 第三对称性; 但是其中的固体骨架部分由于可能包含独立的液岛而不是均匀介质, 不宜也没有必要要求固体骨架的柔度张量 M^s 也满足 Voigt 第三对称性。因此本书在式 (3.7) 与第 76 页的式 (3.7)^s 分别指出了 $M = M^{\mathrm{T}}$ 与 $M^s \neq M^{s\mathrm{T}}$。由于本附录至此还未应用过 Voigt 第三对称性, 所以附录中至此的所有公式只要把除坐标矢量 e_i 之外的所有物理量加上上标或下标, 如 $\bar{\sigma}^s, \bar{\epsilon}^s, M^s, E_s, E'_s, \nu_s, \nu'_s, \nu''_s$ 等, 就对张量 M^s 同样适用。改写后唯一的区别是 Voigt 第三对称性的不同而导致的:

$$\frac{\nu''}{E} = \frac{\nu'}{E'}, \quad \frac{\nu''_s}{E_s} \neq \frac{\nu'_s}{E'_s} \tag{F.12}$$

这也正是式 (3.85) 和式 (3.87)。

F.2 横观各向同性本构模型中材料参数的计算

在获得了横观各向同性本构模型中张量 $\boldsymbol{M}$ 与 $\boldsymbol{M}^s$ 的全部 81 个分量的表达式后，本构模型中出现过的张量运算就可以进一步得到化简。首先，利用张量 $\boldsymbol{M}$ 的 Voigt 对称性，有

$$
\begin{aligned}
\boldsymbol{M} : \boldsymbol{\delta} &= M_{ijkl}\delta_{ij}\delta_{kl} = \boldsymbol{\delta} : \boldsymbol{M} \\
&= \left(\frac{1-\nu}{E} - \frac{\nu'}{E'}\right)(e_1e_1 + e_2e_2) + \left(\frac{1}{E'} - \frac{2\nu''}{E}\right)e_3e_3 \\
&= \frac{1-\nu-\nu''}{E}(e_1e_1 + e_2e_2) + \frac{1-2\nu'}{E'}e_3e_3
\end{aligned}
\tag{F.13}
$$

由式 (F.12) 也可验证式 (F.13) 的结果。

类似地，对于张量 $\boldsymbol{M}^s$，可得

$$
\boldsymbol{M}^s : \boldsymbol{\delta} = \left(\frac{1-\nu_s}{E_s} - \frac{\nu'_s}{E'_s}\right)(e_1e_1 + e_2e_2) + \left(\frac{1}{E'_s} - \frac{2\nu''_s}{E_s}\right)e_3e_3
\tag{F.14}
$$

$$
\boldsymbol{\delta} : \boldsymbol{M}^s = \frac{1-\nu_s-\nu''_s}{E_s}(e_1e_1 + e_2e_2) + \frac{1-2\nu'_s}{E'_s}e_3e_3
\tag{F.15}
$$

显然，由于 $\boldsymbol{M}^s$ 不满足 Voigt 对称性，式 (F.14) 和式 (F.15) 不相等，这也与式 (F.12) 一致。

在横观各向同性本构中，二阶张量 $\boldsymbol{m}$ 被定义为式 (F.15) 的值，见式 (3.90)：

$$
\boldsymbol{m} = \boldsymbol{\delta} : \boldsymbol{M}^s = m(e_1e_1 + e_2e_2) + m'e_3e_3
\tag{F.16}
$$

将式 (F.16) 与式 (F.15) 对比可得 m 与 m' 的值：

$$
\begin{aligned}
m &= \frac{1-\nu_s-\nu''_s}{E_s} \\
m' &= \frac{1-2\nu'_s}{E'_s}
\end{aligned}
\tag{F.17}
$$

该结果在式 (3.91) 中也给出了。

进一步地，由式 (F.14) 和式 (F.15) 可得到 $C, C^s, \boldsymbol{b}$ 的值：

$$
C = \boldsymbol{\delta} : \boldsymbol{M} : \boldsymbol{\delta} = \frac{2(1-\nu-\nu'')}{E} + \frac{1-2\nu'}{E'}
\tag{F.18}
$$

$$C^s = \boldsymbol{\delta} : \boldsymbol{M}^s : \boldsymbol{\delta} = \frac{2\left(1 - \nu_s - \nu_s''\right)}{E_s} + \frac{1 - 2\nu_s'}{E_s'} \tag{F.19}$$

$$\boldsymbol{b} = \frac{1}{C_{\mathrm{CH}}} \boldsymbol{\delta} : (\boldsymbol{M} - \boldsymbol{M}^s) = b\left(\boldsymbol{e}_1\boldsymbol{e}_1 + \boldsymbol{e}_2\boldsymbol{e}_2\right) + b'\boldsymbol{e}_3\boldsymbol{e}_3 \tag{F.20}$$

式中，

$$\begin{aligned} b &= \frac{1}{C_{\mathrm{CH}}}\left(\frac{1 - \nu - \nu''}{E} - m\right), \\ b' &= \frac{1}{C_{\mathrm{CH}}}\left(\frac{1 - 2\nu'}{E'} - m'\right) \end{aligned} \tag{F.21}$$

上述各式分别与式 (3.94) ~ 式 (3.97) 结果一致。

对于二阶张量 $\boldsymbol{\alpha}$，因为其值与四阶弹性刚度张量 $\boldsymbol{L}$ 有关，因此要先得到 $\boldsymbol{L}$ 的表达式，见下节。

F.3 横观各向同性本构模型中的刚度张量 $\boldsymbol{L}$

在横观各向同性本构材料中，弹性柔度张量 $\boldsymbol{M}$ 的分量展开式已在式 (F.3) 中给出了。其中虽然有 81 个分量常数，但是大多数都等于零，非零的部分总结在式 (F.4) ~ 式 (F.7) 中。弹性刚度张量 $\boldsymbol{L}$ 也是同样的情况，应力-应变关系中非零的部分只剩下以下四式：

$$\begin{cases} \bar{\Sigma}_{11} = L_{1111}\bar{\epsilon}_{11} + L_{1122}\bar{\epsilon}_{22} + L_{1133}\bar{\epsilon}_{33} \\ \bar{\Sigma}_{22} = L_{2211}\bar{\epsilon}_{11} + L_{2222}\bar{\epsilon}_{22} + L_{2233}\bar{\epsilon}_{33} \\ \bar{\Sigma}_{33} = L_{3311}\bar{\epsilon}_{11} + L_{3322}\bar{\epsilon}_{22} + L_{3333}\bar{\epsilon}_{33} \end{cases} \tag{F.22}$$

$$\begin{cases} \bar{\Sigma}_{12} = L_{1212}\bar{\epsilon}_{12} + L_{1221}\bar{\epsilon}_{21} \\ \bar{\Sigma}_{21} = L_{2112}\bar{\epsilon}_{12} + L_{2121}\bar{\epsilon}_{21} \end{cases} \tag{F.23}$$

$$\begin{cases} \bar{\Sigma}_{23} = L_{2323}\bar{\epsilon}_{23} + L_{2332}\bar{\epsilon}_{32} \\ \bar{\Sigma}_{32} = L_{3223}\bar{\epsilon}_{23} + L_{3232}\bar{\epsilon}_{32} \end{cases} \tag{F.24}$$

$$\begin{cases} \bar{\Sigma}_{31} = L_{3131}\bar{\epsilon}_{31} + L_{3113}\bar{\epsilon}_{13} \\ \bar{\Sigma}_{13} = L_{1331}\bar{\epsilon}_{31} + L_{1313}\bar{\epsilon}_{13} \end{cases} \tag{F.25}$$

利用 L_{ijkl} 的第一与第二对称性，仿照柔度张量中式 (F.10) 的推导，可得 L_{ijkl} 中剪切部分的分量：

$$
\begin{cases}
L_{1212} = L_{2121} = L_{1221} = L_{2121} = G = \dfrac{E}{2(1+\nu)} \\[2mm]
L_{2323} = L_{3223} = L_{2332} = L_{3232} = G \\[2mm]
L_{3131} = L_{1331} = L_{3113} = L_{1313} = G'
\end{cases}
\tag{F.26}
$$

另一方面，利用式 (D.1) 和式 (D.2)，可得刚度张量 $\boldsymbol{L}$ 的拉压部分的值。但应注意的是，式 (D.1) 利用了将张量记做矩阵的方法，把 11 缩写作下标 1，22 写作 2，33 写作 3。将上述下标还原后，可得

$$
\begin{cases}
L_{1111} = L_{2222} = \dfrac{E\left(E' - E\nu'^2\right)}{(1+\nu)\left(E' - \nu E' - 2\nu'^2 E\right)} \\[3mm]
L_{3333} = \dfrac{(1-\nu)E'^2}{E' - \nu E' - 2\nu'^2 E} \\[3mm]
L_{1122} = L_{2211} = \dfrac{E\left(\nu E' + E\nu'^2\right)}{(1+\nu)\left(E' - \nu E' - 2\nu'^2 E\right)} \\[3mm]
L_{1133} = L_{1133} = L_{2233} = L_{3322} = \dfrac{\nu' E E'}{E' - \nu E' - 2\nu'^2 E}
\end{cases}
\tag{F.27}
$$

至此，四阶刚度张量 $\boldsymbol{L}$ 的全部 81 个分量都已求得（其中只有 21 个非零），见式 (F.26) 和式 (F.27)。另一方面，二阶张量 $\boldsymbol{m}$ 的 9 个分量的值在式 (F.16) 和式 (F.17) 中给出了（其中只有 3 个非零）。将它们代入式 (3.10) 即可求出二阶张量 $\boldsymbol{\alpha}$。应注意在计算过程中，L_{ijkl} 只需挑选的非零分量式 (F.26) 式 (F.27)。

$$
\begin{aligned}
\boldsymbol{\alpha} &= \boldsymbol{\delta} - \boldsymbol{L} : \boldsymbol{m} \\
&= \delta_{ij}\boldsymbol{e}_i\boldsymbol{e}_j - \left(L_{ijkl}\boldsymbol{e}_i\boldsymbol{e}_j\boldsymbol{e}_k\boldsymbol{e}_l\right) : \left[m\left(\boldsymbol{e}_1\boldsymbol{e}_1 + \boldsymbol{e}_2\boldsymbol{e}_2\right) + m'\boldsymbol{e}_3\boldsymbol{e}_3\right] \\
&= \delta_{ij}\boldsymbol{e}_i\boldsymbol{e}_j - \left[m\left(L_{ij11} + L_{ij22}\right)\boldsymbol{e}_i\boldsymbol{e}_j + m'L_{ij33}\boldsymbol{e}_i\boldsymbol{e}_j\right]
\end{aligned}
\tag{F.28}
$$

通过挑选式 (F.27) 中非零的量，式 (F.28) 中最后一个等式的中括号内的表达式可进一步化简：

$$\left[m\left(L_{ij11}+L_{ij22}\right)e_ie_j+m'L_{ij33}e_ie_j\right]$$

$$= m\left[\left(L_{1111}+L_{1122}\right)e_1e_1+\left(L_{2211}+L_{2222}\right)e_2e_2+\left(L_{3311}+L_{3322}\right)e_3e_3\right]+$$

$$m'\left[L_{1133}e_1e_1+L_{2233}e_2e_2+L_{3333}e_3e_3\right] \tag{F.29}$$

将式 (F.27) 中各分量 L_{ijkl} 代入式 (F.28) 和式 (F.29) 后，可发现二阶张量 $\boldsymbol{\alpha}$ 是对称张量，且可得到分量表达式为

$$\boldsymbol{\alpha}=\alpha\left(e_1e_1+e_2e_2\right)+\alpha'e_3e_3 \tag{F.30}$$

式中，

$$\begin{aligned}
\alpha &= 1-\frac{EE'}{(1-\nu)E'-2\nu'^2E}\left[m+\nu'm'\right],\\
\alpha' &= 1-\frac{E'}{(1-\nu)E'-2\nu'^2E}\left[2\nu'Em+(1-\nu)E'm'\right]
\end{aligned} \tag{F.31}$$

考虑到式 (F.12) 中 $\nu''E'=\nu'E$，可证得式 (F.31) 与式 (3.100) 结果一致。

附录 G 各向同性与各向异性本构模型推导过程的比较

本书第 1 章各向同性 Biot 本构模型应该是第 3 章各向异性 Biot 本构模型的特例。但是两章中本构方程的推导方法却截然不同。本附录旨在对两种推导方法加以比较。

G.1 三向各向同性弹性本构关系（广义胡克定律）的最简表述

式 (1.3) ~ 式 (1.7) 给出了各向同性广义胡克定律的最简表述。本节将由此出发考察广义胡克定律的张量表达式，以及对应的柔度四阶张量和刚度四阶张量。

应力张量 $\boldsymbol{\sigma}$ 与应变张量 $\boldsymbol{\varepsilon}$ 都是二阶对称张量，它们各自都可以分解成球形部分（以上标"球"表示）与偏斜部分（以上标"偏"表示）。对于应变张量有

$$\boldsymbol{\varepsilon} = \boldsymbol{\varepsilon}^{\text{球}} + \boldsymbol{\varepsilon}^{\text{偏}} = \frac{1}{3}\varepsilon_{kk}\boldsymbol{\delta} + \boldsymbol{\varepsilon}^{\text{偏}} \tag{G.1}$$

式中，

$$\boldsymbol{\varepsilon}^{\text{球}} = \frac{1}{3}\varepsilon_{kk}\boldsymbol{\delta} = \left(\frac{1}{3}\boldsymbol{\delta}\boldsymbol{\delta}\right) : \boldsymbol{\varepsilon} = (\boldsymbol{I} - \bar{\boldsymbol{I}}) : \boldsymbol{\varepsilon}$$

$$\boldsymbol{\varepsilon}^{\text{偏}} = \boldsymbol{\varepsilon} - \boldsymbol{\varepsilon}^{\text{球}} = \left(\boldsymbol{I} - \frac{1}{3}\boldsymbol{\delta}\boldsymbol{\delta}\right) : \boldsymbol{\varepsilon} = \bar{\boldsymbol{I}} : \boldsymbol{\varepsilon}$$

而应力张量同样可分解为

$$\sigma = \sigma^{球} + \sigma^{偏} = \frac{1}{3}\sigma_{kk}\delta + \sigma^{偏} \tag{G.2}$$

式中,

$$\sigma^{球} = \frac{1}{3}\sigma_{kk}\delta = \left(\frac{1}{3}\delta\delta\right) : \sigma = (I - \bar{I}) : \sigma$$

$$\sigma^{偏} = \sigma - \sigma^{球} = \left(I - \frac{1}{3}\delta\delta\right) : \sigma = \bar{I} : \sigma$$

以应变张量 ε 为例, 说明式 (G.1) 的物理意义。在该式分解得到的两部分中, $\varepsilon^{球}$ 刻画体积变形 ε_{kk}, 并分成三等分给笛卡儿坐标方向 $\left(\varepsilon_{11}^{球} = \varepsilon_{22}^{球} = \varepsilon_{33}^{球} = \frac{1}{3}\varepsilon_{kk}\right)$。另一部分 $\varepsilon^{偏}$ 则刻画形状变形, 其中包括剪切变形造成的形状变形, 以及纠正体积变形三等分给三个坐标方向不符合事实 $(\varepsilon_{11} \neq \varepsilon_{22} \neq \varepsilon_{33})$ 带来的偏差。可见 $\varepsilon_{kk}^{偏} = 0$。

为了让张量的球形部分与偏斜部分通过张量运算表示, 在式 (G.1) 和式 (G.2) 中引入了等同张量 (identity tensor) I、特殊等同张量 (special identity tensor, 或称 "致偏张量") $\bar{I}$ 和致球张量 $\frac{1}{3}\delta\delta$。其中等同张量 I 即式 (3.12) 定义的 I[④]:

$$I = I_{ijkl}e_ie_je_ke_l,$$
$$I_{ijkl} = \frac{1}{2}\left(\delta_{ik}\delta_{jl} + \delta_{il}\delta_{jk}\right) \tag{G.3}$$

它们之间有如下关系:

$$I = \bar{I} + \frac{1}{3}\delta\delta,$$
$$I_{ijkl} = \bar{I}_{ijkl} + \frac{1}{3}\delta_{ij}\delta_{kl} \tag{G.4}$$

对式 (G.4) 双点积 δ 易证得 $\bar{I} : \delta = 0$。这三个四阶张量 I, $\bar{I}$, $\frac{1}{3}\delta\delta$ 都是四阶对称张量, 包括对下标 i 与 j 对称, 对 k 与 l 对称, 以及对 (i,j) 与 (k,l) 的 Voigt 对称。它们有一个共同的特征, 即可以双点积自乘而不变:

$$I : I = I, \qquad \bar{I} : \bar{I} = \bar{I}, \qquad \left(\frac{1}{3}\delta\delta\right) : \left(\frac{1}{3}\delta\delta\right) = \frac{1}{3}\delta\delta \tag{G.5}$$

利用这三个张量, 任何一个对称的二阶张量 $a = a_{ij}e_ie_j = a_{ji}e_ie_j$ 都可以被分解为球形部分和偏斜部分:

$$a = a^{球} + a^{偏} = I : a, \quad a^{球} = \left(\frac{1}{3}\delta\delta\right) : a, \quad a^{偏} = \bar{I} : a \qquad (G.6)$$

可见，四阶致偏张量 $\bar{I}$ 双点积二阶对称张量 a 是其偏斜部分 $a^{偏}$，而四阶致球张量 $\frac{1}{3}\delta\delta$ 双点积 a 的结果是球形部分 $a^{球}$。这也正是名称中"致偏"与"致球"的由来。a 的两部分 $a^{球}$ 与 $a^{偏}$ 与 a 一样，都是二阶对称张量。$a^{球}$ 只有主对角线上的元素非零，而且相等，即 $a_{11}^{球} = a_{22}^{球} = a_{33}^{球} = \frac{1}{3}a_{kk}$。而 $a^{偏}$ 的主对角三项之和 $a_{kk}^{偏} = 0$。

三向各向同性弹性本构关系（广义胡克定律）的核心就是式 (1.7)：

$$\varepsilon^{球} = \frac{1}{3K}\sigma^{球}, \quad \varepsilon^{偏} = \frac{1}{2G}\sigma^{偏} \qquad (G.7)$$

令 $a = \sigma$，将式 (G.6) 和式 (G.7) 代入式 (G.1)，可得各向同性胡克弹性材料的应变-应力本构关系

$$\varepsilon = \frac{1}{3K}\sigma^{球} + \frac{1}{2G}\sigma^{偏} = \frac{1}{3K}\left(\frac{1}{3}\delta\delta\right) : \sigma + \frac{1}{2G}\bar{I} : \sigma = M : \sigma \qquad (G.8)$$

式中，M 为各向同性胡克弹性材料的弹性柔度张量：

$$\begin{aligned} M &= \frac{1}{3K}\left(\frac{1}{3}\delta\delta\right) + \frac{1}{2G}\bar{I} \\ &= \frac{1}{2G}I - \left(\frac{1}{2G} - \frac{1}{3K}\right)\frac{1}{3}\delta\delta \end{aligned} \qquad (G.9)$$

式 (G.9) 中的第二式利用了 $\bar{I}$ 与 I 的关系式 (G.4)。

类似地，也可导出三向各向同性广义胡克弹性材料的应力-应变本构关系：

$$\sigma = 3K\varepsilon^{球} + 2G\varepsilon^{偏} = \left[3K\left(\frac{1}{3}\delta\delta\right) + 2G\bar{I}\right] : \varepsilon = L : \varepsilon \qquad (G.10)$$

式中，L 是三向各向同性胡克弹性材料的弹性刚度张量：

$$\begin{aligned} L &= 3K\left(\frac{1}{3}\delta\delta\right) + 2G\bar{I} \\ &= 2GI - (2G - 3K)\left(\frac{1}{3}\delta\delta\right) \end{aligned} \qquad (G.11)$$

可以验证, 式 (G.9) 的 M 与式 (G.11) 的 L 互为逆张量, 即

$$L : M = I, \quad L = M^{-1}, \quad M = L^{-1} \tag{G.12}$$

在第 3 章中导出各向异性的本构模型时, 柔度张量与刚度张量间也发现了同样的关系, 见式 (3.11)。最后, 对于各向同性材料, 式 (G.9) 和式 (G.11) 中的参数也可以表示为剪切模量 G 与泊松比 ν 的形式:

$$
\begin{aligned}
\frac{1}{2G} - \frac{1}{3K} &= \frac{3\nu}{2G(1+\nu)} \\
-(2G - 3K) &= \frac{6G\nu}{1 - 2\nu}
\end{aligned}
\tag{G.13}
$$

G.2　各向同性 Biot 介质本构关系的建立过程总结

20 世纪 40 年代, 早期研究者在分析三向各向同性 Biot 介质的本构关系时, 将其写成类似于各向同性胡克弹性材料的本构关系形式:

$$
\begin{aligned}
\bar{\epsilon} &= M : \bar{\Sigma} \\
\bar{\Sigma} &= L : \bar{\epsilon}
\end{aligned}
\tag{G.14}
$$

式中, M, L 分别是各向同性胡克弹性材料的四阶弹性柔度张量与刚度张量, 见式 (G.9) 和式 (G.11); $\bar{\epsilon}$ 为三向各向同性 Biot 介质的平均应变; $\bar{\Sigma}$ 为 Biot 有效应力, 其定义为 (见式 (1.14))

$$\bar{\Sigma} = \bar{\sigma} + \alpha \delta p \tag{G.15}$$

式 (G.15) 中, α 为 Biot 有效应力系数。对于各向同性材料, 材料系数 α 是一个独立的标量。

对于三向各向同性 Biot 介质本构关系, Detournay 与 Cheng [10] 进行过系统的总结。对于各向异性 Biot 介质, Thompson 与 Willis [8]、Cheng [18] 与 Gao 等人[16] 都进行过研究。这些研究方法不同, 值得比较和讨论。

Biot 介质以平均应力 $\bar{\sigma}$(式 (3.2)) 与流体压力 (简称 "液压") p 为自变量, 而平均应变 $\bar{\epsilon}$(式 (3.3)) 与孔隙流体体积分数变化量 ζ(式 (3.26)) 是依赖于自变量 $\bar{\sigma}$ 与 p 的函数。第一个本构方程 $\bar{\epsilon} = \bar{\epsilon}(\bar{\sigma}, p)$ 见式 (3.4)

或式 (3.8)，第二个本构方程见式 (3.26)，它们的详细推导过程已在 3.1 节给出。

本小节针对第一个本构方程 (见式 (3.4))

$$\bar{\epsilon} = \bar{\epsilon}(\bar{\sigma}, p) = \boldsymbol{M} : \bar{\sigma} + (\boldsymbol{M} : \boldsymbol{\delta} - \boldsymbol{m})\, p \tag{G.16}$$

作如下几点讨论：

(1) 式 (G.16) 从形式上看只是在胡克弹性定律 $\bar{\epsilon} = \boldsymbol{M} : \bar{\sigma}$ 的基础上，在右端添加了一个与孔隙流体压力 p 有关的项。胡克定律所描述的材料是完全的固体介质，即使涉及流体，也是在物体（介质）的表面边界上承受物体外部的流体压力 p；流体也只存在于介质的外部，而不进入其内部。本书讨论的物体介质是 Biot 介质，它是根据图 1.1 和图 3.1 经过"连续化"处理之后的一个理想模型。流体可以通过连通的孔隙进入到相邻微元，从而发生物质运输。为了构建 Biot 介质的本构方程，必须选择一个微元，微元由固体和充满着流体（气态或液态）的连通孔隙构成。这样的微元内部有四个变量 ①：平均应力 $\bar{\sigma}$，平均应变 $\bar{\epsilon}$，孔隙流体压力 p 和从微元外部流入微元的"折算"流体体积分数 ζ。这里采用的微元应该足够大，大过孔隙的特征尺度，使固体介质和孔隙的连续化处理可行；该微元也应当足够小，使得上述四个变量在微元内可以看作均匀的。作为对本构模型的分析，本书在考察本构时都是针对微元讨论的，而变量 $\bar{\sigma}, \bar{\epsilon}, p, \zeta$ 的值随空间与时间的变化应当在建立场方程时考虑。

(2) 本书中研究的各种变量，如 $\bar{\sigma}, \bar{\epsilon}, p, \zeta$ 都是指增量，即一个计算步从初值到终值的变化量。在每一个计算步中，Biot 本构假设材料是线性的，即假设本构方程 $\bar{\epsilon} = \bar{\epsilon}(\bar{\sigma}, p)$ 中的二阶张量应变 $\bar{\epsilon}$ 线性地依赖于二阶张量应力 $\bar{\sigma}$ 和标量液压 p。在数学上，这意味着式 (G.16) 中应当有且仅有两个材料常数：四阶张量 $\boldsymbol{M}$ 与二阶张量 $\boldsymbol{m}$。各个材料常数在每个计算步中应当是不变的常量，如有需要，它们的值可以在下一个计算步内更新。对于岩土问题，计算步的初始状态可能是岩土自然状态的长期演化结果，例如初始的地应力与孔隙流体的压力等，而这些值需要在经过实测后再予以考虑。

---

① 有时会略去"平均"二字。不同的作者往往采用不同的"平均"方法。

　　Biot 介质的微元区别于胡克材料的微元，是在微元的内部存在着具
有压力为 p 的流体。在构建本构前，我们并不知道液压 p 应该以什么形
式出现在本构关系中。在第 1 章对各向同性 Biot 介质的讨论中，本书使
用应变能 $W(\varepsilon_{ij}, \zeta)$ 和应变余能 $W^*(\sigma_{ij}, p)$ 对加载路径无关的条件导出
了三向各向同性 Biot 介质的体积变形本构关系：

$$\bar{\epsilon}_{ll} = \frac{1}{K}\left(\frac{1}{3}\bar{\sigma}_{kk} + \alpha p\right) \tag{G.17a}$$

$$\zeta = \frac{\alpha}{3K}\bar{\sigma}_{kk} + C_{\mathrm{CH}}p \tag{G.17b}$$

注意到式 (1.15)，上述式 (G.17a) 和式 (G.17b) 就是式 (1.10) 和式 (1.40)。
这一对本构方程在 Detournay 与 Cheng 在文献 [10] 中由式 (8a) 和
式 (8b) 给出，读者应注意在该文献中 C_{CH} 被记作 $1/R'$，而 α/K 被记
作 $1/H$。

　　在式 (G.17) 中，$\bar{\sigma}_{kk}$ 以拉伸为正，p 以流体受压为正。可见，平均体
积应力 $\frac{1}{3}\bar{\sigma}_{kk}$ 与液压 p 都起着使 Biot 介质微元体积变大（按 $1 : \alpha$ 之比
例做贡献），以及使流体从微元外部渗流进内部[①]（即 $\zeta > 0$，按 $\frac{\alpha}{K} : C_{\mathrm{CH}}$
之比例做贡献）的作用。应当注意，平均体积应力 $\frac{1}{3}\bar{\sigma}_{kk}$ 与孔隙流体压力
p 在本构中各自独立起作用，不应当混淆。本书也因此没有像有的文献中
将体积应力 $\frac{1}{3}\bar{\sigma}_{kk}$ 记作 P，以此避免读者将其与液压 p 混淆。

　　式 (G.17a) 和式 (G.17b) 是第 1 章导出的各向同性 Biot 介质在发生
体积变形时的本构关系。对于一般的变形情况，这两式被推广为

$$\bar{\boldsymbol{\epsilon}} = \boldsymbol{M} : \bar{\boldsymbol{\sigma}} + \frac{\alpha}{3K}p\boldsymbol{\delta} = \boldsymbol{M} : \bar{\boldsymbol{\Sigma}} \tag{G.18a}$$

$$\zeta = \frac{\alpha}{3K}\boldsymbol{\delta} : \bar{\boldsymbol{\sigma}} + C_{\mathrm{CH}}p \tag{G.18b}$$

式 (G.18a) 即式 (1.9) 和式 (1.13)；而式 (G.18b) 即式 (1.40)。它们也是
Detournay 与 Cheng 的文献 [10] 中的式 (4a) 和式 (4b)。

---

① 以填充加大体积所需的流体。

G.3　各向异性 Biot 介质本构关系讨论

Biot 介质的第一个本构方程式 (G.16)（即式 (3.4)）可写作另一形式：

$$\bar{\epsilon} = M : (\bar{\sigma} + \delta p) - mp \tag{G.19}$$

式中，M 是四阶张量，m 是二阶张量。改写后，两个材料常数 M 与 m 的物理意义更加清晰 (见式 (3.5) 和式 (3.6))：

$$M = \left.\frac{\partial \bar{\epsilon}}{\partial \bar{\sigma}}\right|_{p=0} \tag{G.20}$$

$$m = -\left.\frac{\partial \bar{\epsilon}}{\partial p}\right|_{\bar{\sigma}+p\delta=0} \tag{G.21}$$

式 (G.20) 说明 M 就是全渗状态下的胡克材料的弹性柔度张量。

另一方面，第 3 章从另一角度考察，将各向同性本构中的式 (G.14) 和式 (G.15) 推广到了各向异性 Biot 介质：

$$\bar{\epsilon} = M : \bar{\Sigma}$$
$$\bar{\Sigma} = L : \bar{\epsilon} \tag{G.22}$$

式中，$L = M^{-1}$ 为全渗状态下的胡克材料刚度张量；$\bar{\Sigma}$ 为 Biot 有效应力，在各向异性材料中定义为

$$\bar{\Sigma} = \bar{\sigma} + \alpha p \tag{G.23}$$

在各向同性本构模型中，液压 p 对变形的影响是三向各向同性的，因此式 (G.15) 中只用了一个标量 α 来构成 $\alpha\delta$。这显然不适用于各向异性的情况，因而将 $\alpha\delta$ 改写为二阶张量 α。

对比从两种不同角度出发得到的本构方程式 (G.19) 和式 (G.22)（以式 (G.23) 代入的），可见材料常数之间应当满足

$$M : (\delta - \alpha) = m$$
$$\delta - \alpha = L : m \tag{G.24}$$

即式 (3.10) 和式 (3.15)。在横观各向同性材料中，可证得 α 与 m 均为对角二阶张量 $\alpha(e_1 e_1 + e_2 e_2) + \alpha' e_3 e_3$ 与 $m(e_1 e_1 + e_2 e_2) + m' e_3 e_3$，它们之间的关系可见式 (3.100)，以及附录 F 中的式 (F.28) 和式 (F.31)。

各向异性 Biot 介质的第二个本构方程

$$\zeta = \boldsymbol{\alpha} : \boldsymbol{M} : \bar{\boldsymbol{\sigma}} + C_{\text{CH}} p \tag{G.25}$$

已在式 (3.26) 中给出了详细的推导过程。因为 ζ 与流体运输有关，所以在使用 Biot 本构关系分析流体资源的开采利用过程时，力学强度问题与流体渗流问题是互相耦合的。

可见，第 3 章中各向异性 Biot 介质本构关系是第 1 章中各向同性 Biot 介质本构关系的推广，后者是前者的特例。这可以由计算验证：将 $\boldsymbol{\alpha} = \alpha\boldsymbol{\delta}$ 与各向同性下的 $\boldsymbol{M}$（式 (G.9)）代入到各向异性本构方程式 (G.22) 和式 (G.23)，可得

$$\bar{\boldsymbol{\epsilon}} = \frac{1}{2G}\bar{\boldsymbol{\sigma}} - \left(\frac{1}{6G} - \frac{1}{9K}\right)\boldsymbol{\delta}\boldsymbol{\delta} : \bar{\boldsymbol{\sigma}} + \frac{\alpha}{3K}\boldsymbol{\delta}p \tag{G.26}$$

考虑到各向同性介质中材料常数间的关系式 (G.13)，可知式 (G.26) 与式 (1.16) 结果一致。

另一方面，将 $\boldsymbol{m} = m\boldsymbol{\delta}$ 与式 (G.9) 代入式 (G.19)，可得

$$\bar{\boldsymbol{\epsilon}} = \frac{1}{2G}\bar{\boldsymbol{\sigma}} - \left(\frac{1}{6G} - \frac{1}{9K}\right)\boldsymbol{\delta}\boldsymbol{\delta} : \bar{\boldsymbol{\sigma}} + \frac{1}{3K}\boldsymbol{\delta}p - m\boldsymbol{\delta}p \tag{G.27}$$

与式 (G.26) 对比，可见

$$\frac{1}{3K}(1 - \alpha) = m \tag{G.28}$$

这正是式 (G.24) 在各向同性本构中的特例。

最后，各向异性介质中的第二个本构方程式 (G.25) 在代入 $\boldsymbol{\alpha} = \alpha\boldsymbol{\delta}$ 与式 (G.9) 后，也可退化为各向同性介质中对应的本构方程式 (G.18b)，此处不再赘述。

参 考 文 献

[1] TERZAGHI K. Die berechnung der durchlässigkeitsziffer des tones aus dem verlauf der hydrodynamischen spannungserscheinungen[J]. Sitzungsberichte der Kaiserlichen Akademie der Wissenschaften in Wien. Mathematisch-Naturwissenschaftliche Klasse. Abteilung IIa, 1923, 132: 125-138.

[2] TERZAGHI K. The shearing resistance of saturated soils and the angle between the planes of shear[C]//First international conference on soil Mechanics: volume 1. Cambridge: Harvard University, 1936: 54-59.

[3] BIOT M A. General theory of three-dimensional consolidation[J]. Journal of Applied Physics, 1941, 12(2): 155-164.

[4] BIOT M A. Theory of elasticity and consolidation for a porous anisotropic solid[J]. Journal of Applied Physics, 1955, 26(2): 182-185.

[5] BIOT M A. General solutions of the equations of elasticity and consolidation for a porous material[J]. Journal of Applied Mechanics, 1956, 23(1): 91-96.

[6] BIOT M A. Nonlinear and semilinear rheology of porous solids[J]. Journal of Geophysical Research, 1973, 78(23): 4924-4937.

[7] RICE J R, CLEARY M P. Some basic stress diffusion solutions for fluid-saturated elastic porous media with compressible constituents[J]. Reviews of Geophysics, 1976, 14(2): 227-241.

[8] THOMPSON M, WILLIS J R. A reformation of the equations of anisotropic poroelasticity[J]. Journal of Applied Mechanics, 1991, 58 (3): 612-616.

[9] CARROLL M M. Mechanical response of fluid-saturated porous materials [J]. Theoretical and Applied Mechanics, 1980: 251-262.

[10] DETOURNAY E, CHENG A H D. Fundamentals of poroelasticity[M]//Comprehensive rock engineering: Principles, practice and projects II: Analysis and design method. Oxford: Pergamon Press, 1993: 113-171.

[11] RUDNICKI J W. Effect of pore fluid diffusion on deformation and failure of rock[M]//Mechanics of geomaterials. Illinois: John Wiley & Sons, 1985: 315-347.

[12] CHENG A H D. Theory and applications of transport in porous media: volume 27 Poroelasticity[M]. Cham: Springer International Publishing, 2016.

[13] FJAER E, HOLT R, RAAEN A, et al. Petroleum related rock mechanics[M]. 2nd ed. Amsterdam: Elsevier, 2008.

[14] BIOT M A, WILLIS D G. The elastic coefficients of the theory of consolidation[J]. Journal of Applied Mechanics, 1957, 24: 594-601.

[15] 陆明万, 罗学富. 弹性理论基础: 上册 [M].2 版. 北京: 清华大学出版社, 2001.

[16] GAO Y, LIU Z, ZHUANG Z, et al. A reexamination of the equations of anisotropic poroelasticity[J]. Journal of Applied Mechanics, 2017, 84 (5): 051008.

[17] 黄克智, 黄永刚. 高等固体力学: 上册 [M]. 北京: 清华大学出版社, 2013.

[18] CHENG A H D. Material coefficients of anisotropic poroelasticity[J]. International Journal of Rock Mechanics and Mining Sciences, 1997, 34(2): 199-205.

[19] TAROKH A. Poroelastic response of saturated rock[D]. Ann Arbor: University of Minnesota, 2016.

[20] MAKHNENKO R Y. Deformation of fluid-saturated porous rock[D]. Ann Arbor: University of Minnesota, 2013.

[21] HART D J, WANG H F. Laboratory measurements of a complete set of poroelastic moduli for Berea sandstone and Indiana limestone[J]. Journal of Geophysical Research: Solid Earth, 1995, 100(B9): 17741-17751.

[22] MAKHNENKO R Y, LABUZ J F. Elastic and inelastic deformation of fluid-saturated rock[J]. Philosophical Transactions of the Royal Society A: Mathematical, Physical and Engineering Sciences, 2016, 374 (2078): 20150422.

[23] GIBSON R E, KNIGHT K, TAYLOR P W. A critical experiment to examine theories of three-dimensional consolidation[C]//European Conference in Soil Mechanics and Foundation Engineering: Volume 1. Wiesbaden: Deutsche Gesellschaft für Erd-und Grundbau e.V., 1963: 69-76.

[24] VERRUIJT A. Discussion[C]//Sixth international conference on soil mechanics and foundation engineering: Volume 3. Montreal: University of Toronto Press, 1965: 401-402.

[25] GAO Y, LIU Z, ZHUANG Z, et al. Cylindrical borehole failure in a poroelastic medium[J]. Journal of Applied Mechanics, 2016, 83(6): 061005.

[26] MUSKHELISHVILI N I. Some basic problems of the mathematical theory of elasticity[M]. Berlin: Springer Netherland, 1953.

[27] HAIMSON B, FAIRHURST C. Initiation and extension of hydraulic fractures in rocks[J]. Society of Petroleum Engineers Journal, 1967, 7(03): 310-318.

[28] TERZAGHI K. Theoretical soil mechanics[M]. New York: Chapman and Hali, Limited John Wiley & Sons, 1944.

[29] DETOURNAY E, CHENG A H D. Poroelastic response of a borehole in a non-hydrostatic stress field[J]. International Journal of Rock Mechanics and Mining Sciences & Geomechanics Abstracts, 1988, 25(3): 171-182.

[30] CUI L, CHENG A H D, ABOUSLEIMAN Y. Poroelastic solution for an inclined borehole[J]. Journal of Applied Mechanics, 1997, 64(1): 32-38.

[31] HOWARD G C, FAST C R. Optimum fluid characteristics for fracture extension[M]//Drilling and production practice. New York: American Petroleum Institute, 1957: 261-270.

[32] JAEGER J C, COOK N, ZIMMERMAN R. Fundamentals of rock mechanics [M]. 4th ed. Malden: Blackwell Publishing, 2007.

[33] KORN G A, KORN T M. Mathematical handbook for scientists and engineers: definitions, theorems, and formulas for reference and review[M]. 2nd ed. New York: Dover Publications, 2000.

[34] HILL R. Elastic properties of reinforced solids: Some theoretical principles[J]. Journal of the Mechanics and Physics of Solids, 1963, 11(5): 357-372.

[35] NUR A, BYERLEE J D. An exact effective stress law for elastic deformation of rock with fluids[J]. Journal of Geophysical Research, 1971, 76(26): 6414-6419.

[36] CARROLL M M. An effective stress law for anisotropic elastic deformation[J]. Journal of Geophysical Research: Solid Earth, 1979, 84(B13): 7510-7512.

[37] CARROLL M M, KATSUBE N. The role of terzaghi effective stress in linearly elastic deformation[J]. Journal of Energy Resources Technology, 1983, 105(4): 509-511.

[38] ZHENG Q S, CHEN T. New perspective on Poisson's ratios of elastic solids[J]. Acta Mechanica, 2001, 150(3-4): 191-195.

[39] GAO Y, LIU Z, ZHUANG Z, et al. Cylindrical borehole failure in a transversely isotropic poroelastic medium[J]. Journal of Applied Mechanics, 2017, 84(11): 111008.

[40] ABOUSLEIMAN Y, CUI L. Poroelastic solutions in transversely isotropic media for wellbore and cylinder[J]. International Journal of Solids and Structures, 1998, 35(34-35): 4905-4929.

[41] GAO Y, LIU Z, ZHUANG Z, et al. On the material constants measurement method of a fluid-saturated transversely isotropic poroelastic medium [J]. Science China Physics, Mechanics & Astronomy, 2019, 62(1): 014611.

[42] SAMPATH K. Effect of confining pressure on pore volume in tight sandstones[R]. Chicago: Institute of Gas Technology, 1982.

[43] CUI L. Poroelasticity with application to rock mechanics[D]. Newark: University of Delaware, 1995.

[44] ABOUSLEIMAN Y, ROEGIERS J, CUI L, et al. Poroelastic solution of an inclined borehole in a transversely isotropic medium[C]//DAEMEN J J, SCHULTZ R A. Rock mechanics: Proceedings of the 35th US Symposium on rock mechanics. Boca Raton: CRC Press, 1995.

[45] EKBOTE S, ABOUSLEIMAN Y. Porochemoelastic solution for an inclined borehole in a transversely isotropic formation[J]. Journal of Engineering Mechanics, 2006, 132: 754-763.

[46] ABOUSLEIMAN Y, Ekbote S. Solutions for the inclined borehole in a porothermoelastic transversely isotropic medium[J]. Journal of Applied Mechanics, 2005, 72(1): 102-114.

[47] EKBOTE S, ABOUSLEIMAN Y. Porochemothermoelastic solution for an inclined borehole in a transversely isotropic formation[J]. Journal of Engineering Mechanics, 2005, 131(5): 522-533.

[48] NGUYEN V X, ABOUSLEIMAN Y N. Poromechanics solutions to plane strain and axisymmetric mandel-type problems in dual-porosity and dual-permeability medium[J]. Journal of Applied Mechanics, 2009, 77 (1): 011002.

[49] NGUYEN V, ABOUSLEIMAN Y, MODY F. Poromechanics modeling of wellbore stability in naturally fractured formations[C]//SPE Annual Technical Conference and Exhibition. [S.l.]: Society of Petroleum Engineers, 2004.

[50] NGUYEN V X, ABOUSLEIMAN Y N. Poromechanics response of inclined wellbore geometry in chemically active fractured porous media[J]. Journal of Engineering Mechanics, 2009, 135(11): 1281-1294.

[51] AOKI T, TAN C, BAMFORD W. Effects of deformation and strength anisotropy on borehole failures in saturated shales[J]. International Journal of Rock Mechanics and Mining Sciences & Geomechanics Abstracts, 1993, 30(7): 1031-1034.

[52] CHEN X, GAO D. The Maximum-allowable well depth while performing ultra-extended-reach drilling from shallow water to deepwater target[J]. SPE Journal, 2018, 23(01): 224-236.

[53] ABATE J, VALKÓ P P. Multi-precision Laplace transform inversion[J]. International Journal for Numerical Methods in Engineering, 2004, 60 (5): 979-993.

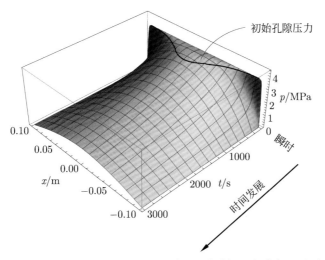

图 1.5 Mandel 问题的孔隙压力解 p 随时间 t 与空间 x 的变化

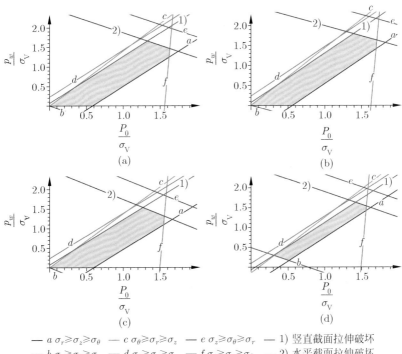

— a $\sigma_r \geqslant \sigma_z \geqslant \sigma_\theta$ — c $\sigma_\theta \geqslant \sigma_r \geqslant \sigma_z$ — e $\sigma_z \geqslant \sigma_\theta \geqslant \sigma_r$ — 1) 竖直截面拉伸破坏
— b $\sigma_r \geqslant \sigma_\theta \geqslant \sigma_z$ — d $\sigma_\theta \geqslant \sigma_z \geqslant \sigma_r$ — f $\sigma_z \geqslant \sigma_r \geqslant \sigma_\theta$ — 2) 水平截面拉伸破坏

图 2.9 井眼安全区域随 P_0 变化的过程

图中所用参数为 $\nu = 0.12, \nu_u = 0.31, \alpha = 0.65, \eta = 0.28, B = 0.88, C_0 = \sigma_V,$
$T = 0.3\sigma_V, \beta = 60°$。四张图的载荷比例分别为：(a) $p_0 = 0.5P_0, S_0 = 0$；(b) $p_0 = 0.4P_0,$
$S_0 = 0$；(c) $p_0 = 0.6P_0, S_0 = 0$；(d) $p_0 = 0.5P_0, S_0 = 0.05\sigma_V$。

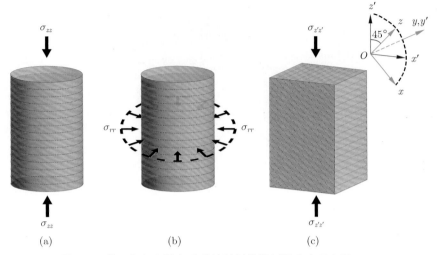

图 3.2　横观各向同性多孔弹性材料常数测量方案示意图

(a) 无渗实验 (轴向)；(b) 无渗实验 (环向)；(c) 全渗 (干) 实验

在 Springer Nature 的授权下再出版，摘自 GAO Y, LIU Z , ZHUANG Z, & HWANG, K -C. On the material constants measurement method of a fluid-saturated trans-versely isotropic poroelastic medium. Science China Physics, Mechanics & Astronomy, 2019, 62(1): 014611. 授权通过 Copyright Clearance Center, Inc 发送。

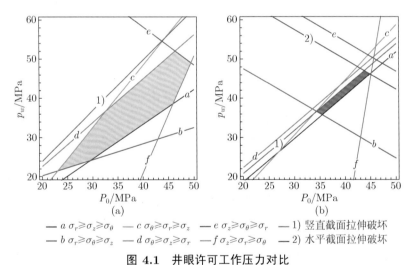

— a $\sigma_r{\geqslant}\sigma_z{\geqslant}\sigma_\theta$　— c $\sigma_\theta{\geqslant}\sigma_r{\geqslant}\sigma_z$　— e $\sigma_z{\geqslant}\sigma_\theta{\geqslant}\sigma_r$　— 1) 竖直截面拉伸破坏

— b $\sigma_r{\geqslant}\sigma_\theta{\geqslant}\sigma_z$　— d $\sigma_\theta{\geqslant}\sigma_z{\geqslant}\sigma_r$　— f $\sigma_z{\geqslant}\sigma_r{\geqslant}\sigma_\theta$　— 2) 水平截面拉伸破坏

图 4.1　井眼许可工作压力对比

(a) 广义胡克定律；(b) 多孔弹性本构

由于弹性解水平截面拉伸破坏 (式 (4.46)) 的结果不含 p_w，因而广义胡克定律图中没有情况 2) 对应的直线。

在 ASME 的授权下再出版，摘自 GAO Y, LIU Z, ZHUANG Z, GAO D & HWANG K -C. Cylindrical borehole failure in a transversely isotropic poroelastic medium[J]. Journal of Applied Mechanics,2017, 84(11): 111008. 授权通过 Copyright Clearance Center, Inc 发送。

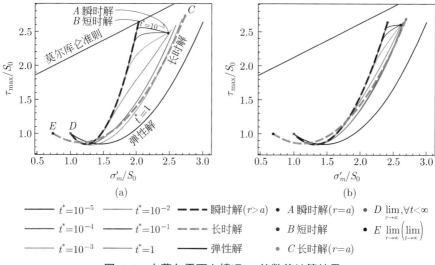

图中各曲线标注：

图例：

—— $t^* = 10^{-5}$　　—— $t^* = 10^{-2}$　　- - - 瞬时解($r > a$)　　● A 瞬时解($r = a$)　　● $D \lim\limits_{r \to \infty}, \forall t < \infty$

—— $t^* = 10^{-4}$　　—— $t^* = 10^{-1}$　　- - - 长时解　　● B 短时解　　● $E \lim\limits_{r \to \infty}\left(\lim\limits_{t \to \infty}\right)$

—— $t^* = 10^{-3}$　　—— $t^* = 1$　　—— 弹性解　　● C 长时解($r = a$)

图 4.2　在莫尔平面上情况 a 的数值计算结果

(a) $v' = 0.246$; (b) $v' = 0.4$

图中任何一点高过莫尔库仑准则直线都意味着会发生剪切破坏。